# Logic Analyzer im Einsatz

## USB-Logikanalysatoren am PC mit Arduino, Raspberry Pi und Co

Jörg Rippel



elektor
design > share > earn

1. Auflage 2023



Umschlaggestaltung: Elektor, Aachen

Korrekturlesen: Andreas Riedenauer
Satz und Aufmachung: D-Vision, Julian van den Berg | Oss (NL)
Druck: Ipskamp Printing, Enschede, Niederlande

**ISBN 978-3-89576-563-6** Print
**ISBN 978-3-89576-564-3** eBook

Elektor-Verlag GmbH, Aachen
www.elektor.de

# Inhaltsverzeichnis

**Vorwort. . . . . . . . . . . . . . . . . . . . . . . . . . . . . . . . . . . . . . . . . . . . . . . . . . . . . . . . 8**

**Kaptitel 1 • Was man über einen Logikanalysator wissen muss . . . . . . . . . . . . . . . 9**

1.1 Was ist ein Logikanalysator? . . . . . . . . . . . . . . . . . . . . . . . . . . . . . . . . . . . . . 9

1.1.1 Welche Software benötigt ein Logikanalysator?. . . . . . . . . . . . . . . . . . . . . . . 15

1.1.2 Ist ein einfacher Logikanalysator ausreichend? . . . . . . . . . . . . . . . . . . . . . . . 16

1.2 Wofür brauche ich einen LA? . . . . . . . . . . . . . . . . . . . . . . . . . . . . . . . . . . . . 17

1.3 Was macht den Logikanalysator besonders? . . . . . . . . . . . . . . . . . . . . . . . . . . 19

1.4 Was ist ein Logikanalysator nicht? . . . . . . . . . . . . . . . . . . . . . . . . . . . . . . . . 20

1.5 Wie schließt man einen Logikanalysator an? . . . . . . . . . . . . . . . . . . . . . . . . . 23

1.6 Was kostet ein Logikanalysator? . . . . . . . . . . . . . . . . . . . . . . . . . . . . . . . . . . 26

1.6.1 Die günstigen Modelle . . . . . . . . . . . . . . . . . . . . . . . . . . . . . . . . . . . . . . . . 26

1.6.2 Die mittlere Preisstufe . . . . . . . . . . . . . . . . . . . . . . . . . . . . . . . . . . . . . . . . 27

1.6.3 Das hochpreisige Segment. . . . . . . . . . . . . . . . . . . . . . . . . . . . . . . . . . . . . . 28

**Kapitel 2 • Die Auswahl eines Logikanalysators . . . . . . . . . . . . . . . . . . . . . . . . . . 30**

2.1 Kriterien und Spezifikationen für die Auswahl . . . . . . . . . . . . . . . . . . . . . . . . . 30

2.2 Die Bandbreite und Abtastrate . . . . . . . . . . . . . . . . . . . . . . . . . . . . . . . . . . . 30

2.3 Logik-Pegel und Threshold-Voltage . . . . . . . . . . . . . . . . . . . . . . . . . . . . . . . . 34

2.3.1 Was sind Logik-Pegel? . . . . . . . . . . . . . . . . . . . . . . . . . . . . . . . . . . . . . . . . 34

2.3.2 Was ist eine Threshold-Voltage? . . . . . . . . . . . . . . . . . . . . . . . . . . . . . . . . . 34

2.3.3 Wie interpretiert ein Logikanalysator Signale? . . . . . . . . . . . . . . . . . . . . . . . . 34

2.3.4 Test der Threshold-Voltage. . . . . . . . . . . . . . . . . . . . . . . . . . . . . . . . . . . . . 38

2.4 Positive und Negative Logik . . . . . . . . . . . . . . . . . . . . . . . . . . . . . . . . . . . . . 41

2.5 Analoge und digitale Eingänge . . . . . . . . . . . . . . . . . . . . . . . . . . . . . . . . . . . 42

2.6 Synchrone und asynchrone Abtastung . . . . . . . . . . . . . . . . . . . . . . . . . . . . . . 43

2.6.1 Synchrone Abtastung . . . . . . . . . . . . . . . . . . . . . . . . . . . . . . . . . . . . . . . . . 43

2.6.2 Asynchrone Abtastung. . . . . . . . . . . . . . . . . . . . . . . . . . . . . . . . . . . . . . . . . 44

2.6.3 Wann nutzt man die synchrone oder asynchrone Abtastung? . . . . . . . . . . . . . 45

2.7 Buffer- und Stream-Modus . . . . . . . . . . . . . . . . . . . . . . . . . . . . . . . . . . . . . . 45

2.7.1 Buffer-Mode . . . . . . . . . . . . . . . . . . . . . . . . . . . . . . . . . . . . . . . . . . . . . . . . 46

2.7.2 Stream-Mode . . . . . . . . . . . . . . . . . . . . . . . . . . . . . . . . . . . . . . . . . . . . . . . 47

2.7.3 Vor- und Nachteile . . . . . . . . . . . . 48

2.8 USB-Anschluss . . . . . . . . . . . . 49

2.9 Einfache und komplexe Trigger . . . . . . . . . . . . 50

2.10 Checkliste für die Auswahl eines Logikanalysators . . . . . . . . . . . . 51

2.10.1 Eine Checkliste für die eigenen Anforderungen . . . . . . . . . . . . 51

2.10.2 Was ist wirklich wichtig? . . . . . . . . . . . . 53

2.10.3 Reine Logikanalysatoren . . . . . . . . . . . . 53

2.10.4 Mixed-Signal Geräte . . . . . . . . . . . . 54

2.10.5 Die Qual der Wahl . . . . . . . . . . . . 56

**Kapitel 3 • Protokolle und Hardware . . . . . . . . . . . . 58**

3.1 Versuchsschaltungen . . . . . . . . . . . . 58

3.1.1 Benötigte Hardware . . . . . . . . . . . . 58

3.1.2 Weitere Hilfsmittel. . . . . . . . . . . . 62

3.2 Bedienkonzepte der Software . . . . . . . . . . . . 65

3.3 Der I²C Bus . . . . . . . . . . . . 68

3.3.1 Die I²C Wetterstation . . . . . . . . . . . . 72

3.3.2 Eine I²C Analyse . . . . . . . . . . . . 75

3.3.3 Quellcode Wetterstation . . . . . . . . . . . . 83

3.4 Der SPI-Bus . . . . . . . . . . . . 86

3.4.1 Raspberry Pi Pico mit grafischem SPI-Display . . . . . . . . . . . . 90

3.4.2 SPI-Analyse . . . . . . . . . . . . 94

3.4.3 Quellcode SPI-Display . . . . . . . . . . . . 101

3.5 UART / RS-232 . . . . . . . . . . . . 103

3.5.1 Raspberry Pi Pico und die serielle Datenübertragung . . . . . . . . . . . . 104

3.5.2 UART-Analyse . . . . . . . . . . . . 107

3.5.3 Quellcode UART Pico . . . . . . . . . . . . 111

3.6 NeoPixel und WS281x . . . . . . . . . . . . 112

3.6.1 RGB-LED Adapterplatine . . . . . . . . . . . . 114

3.6.2 WS28xx Analyse . . . . . . . . . . . . 116

3.6.3 Quellcode RGB-LED . . . . . . . . . . . . 121

3.7 HD44780 LCD-Display . . . . . . . . . . . . 122

3.7.1 Bus Pirate und LCD-Adapter . . . . . . . . . . 123

3.7.2 HD44780 Analyse . . . . . . . . . . 127

3.8 Das 1-Wire Protokoll . . . . . . . . . . 131

3.8.1 Quellcode DS1820 . . . . . . . . . . 135

3.9 Abschließende Bemerkungen zu den Protokollen . . . . . . . . . . 136

**Kapitel 4 • Fallstricke . . . . . . . . . . 137**

4.1 Fehler und Probleme bei Messungen . . . . . . . . . . 137

4.2 Die Tastköpfe . . . . . . . . . . 137

4.3 Der ideale Testaufbau . . . . . . . . . . 139

4.4 Ground Loops . . . . . . . . . . 144

4.5 Masseverbindungen bei hohen Frequenzen . . . . . . . . . . 145

4.6 Probe Loading . . . . . . . . . . 146

4.7 Der richtige Kontaktpunkt . . . . . . . . . . 147

4.8 Eingangsspannungsbereich . . . . . . . . . . 148

4.9 Einen Logikanalysator als Oszilloskop verwenden . . . . . . . . . . 149

**Nachwort . . . . . . . . . . 150**

**A1 - Anhang - Arbeitsumgebung einrichten . . . . . . . . . . 151**

A1.1 Raspberry Pi Pico und Thonny mit MicroPython . . . . . . . . . . 151

A1.2 Raspberry Pi Pico und Thonny mit CircuitPython . . . . . . . . . . 158

A1.3 Arduino UNO und die Arduino IDE . . . . . . . . . . 164

A1.4 Raspberry Pi und Python . . . . . . . . . . 170

**Literaturverzeichnis . . . . . . . . . . 173**

**Stichwortverzeichnis . . . . . . . . . . 174**

# Vorwort

Digitale Signale und komplexe Protokolle sind heutzutage in fast jeder elektronischen Schaltung zu finden.

Es ist einfach geworden, mit ein paar Zeilen Software und einem Raspberry Pi oder Arduino, Sensoren und Displays an unsere Mikrocontroller anzuschließen. Dabei hoffen wir, dass alles fehlerfrei funktioniert. Manchmal tut es das allerdings nicht und es wäre notwendig, die digitalen Signale und das verwendete Protokoll im Detail anzuschauen.

Aber wie macht man das? Die heutigen Protokolle sind so komplex geworden, dass man bei dem Versuch diese zu überprüfen und zu entschlüsseln vor einem Rätsel steht.

Genau an diesem Punkt kann Ihnen ein Logic Analyzer, im Deutschen auch Logikanalysator genannt, weiterhelfen. Dieses Buch bietet Ihnen eine Hilfestellung für einen Sprung in die digitale Welt an und zeigt anhand einer breiten Basis, mit vielfältigen Beispielen, die Methoden, um die gängigen Protokolle zu entschlüsseln. Es hilft Ihnen die ersten Schritte mit einem Logikanalysator erfolgreich zu bewältigen. Es vermittelt Ihnen eine strukturierte Vorgehensweise mit dem am besten für die Fehlersuche in digitalen Schaltungen geeigneten Werkzeug, dem Logikanalysator.

Dieses Buch verwendet mehrere Modelle flexibler und weit verbreiteter USB-Logikanalysatoren und zeigt die Stärken und Schwächen jeder Preisklasse. Sie werden kennenlernen, welche Kriterien für Ihre Arbeit wichtig sind und in der Lage sein das für Sie passende Gerät zu finden.

Egal ob Arduino, Raspberry Pi oder Raspberry Pico: Die abgebildeten Beispielschaltungen ermöglichen einen schnellen Start in die Protokollanalyse und können auch als Grundlage für eigene weitere Experimente dienen.

Sie werden alle wichtigen Begriffe und Zusammenhänge kennenlernen, eigene Experimente durchführen, selbstständig Protokolle analysieren und nach der Lektüre dieses Buches, im Bereich der digitalen Signale und Protokolle, ein umfassendes Wissen aufgebaut haben.

Ich wünsche Ihnen viel Spaß dabei!

# Kaptitel 1 • Was man über einen Logikanalysator wissen muss

## 1.1 Was ist ein Logikanalysator?

Ein Logikanalysator ist dafür gedacht mehrere digitale Signale gleichzeitig zu erfassen und aufzuzeichnen. Stellen Sie ihn sich wie eine Videokamera vor, die je nach Auflösung einen mehr oder weniger langen Film aufzeichnen kann. Hat das Video eine 8K Auflösung, ist der Platz auf der SD-Karte schnell voll. Nimmt man nur mit VGA-Auflösung auf, dann erkennt man zwar weniger Details, kann aber einen viel längeren Film aufzeichnen. Ein Logikanalysator arbeitet nach einem ähnlichen Prinzip. Mit einer hohen Sample-Rate bekommt man mehr von dem mit, was auf dem Bus passiert, allerdings ist die Aufzeichnungsdauer dann relativ kurz.

Was unterscheidet Oszilloskop und Logikanalysator? Ein Logikanalysator ähnelt einem Oszilloskop, aber mit seiner speziellen Funktionsweise wird der Logikanalysator hauptsächlich in der digitalen Hardwareentwicklung und bei der Fehlersuche eingesetzt. Dabei bietet er gegenüber dem Oszilloskop den Vorteil, über mehr Kanäle zu verfügen und gezielt für diesen Einsatz entwickelt worden zu sein. Während ein Oszilloskop 2 oder 4 Kanäle ausweist, verfügt ein heutiger einfacher Logikanalysator schon über 8 oder 16 Kanäle, besser ausgestattete Modelle bieten sogar mehr als 32 Kanälen. Im professionellen Bereich sind Geräte mit 128 Kanäle keine Seltenheit. Bei der Analyse der ersten Mikroprozessor-Schaltungen hatte man schon früh den Bedarf für diese vielen Kanäle bemerkt. Protokolle können aber nicht nur auf vielen parallelen Leitungen ablaufen, sie können auch sehr unübersichtlich sein. Um dieser Unübersichtlichkeit Herr zu werden, muss der Logikanalysator noch weitere Fähigkeiten im Repertoire haben. Dazu misst der Logikanalysator die angeschlossenen Signale zeitgleich parallel auf allen angeschlossenen Kanälen und kann spezielle Vorkommnisse im Protokoll, mithilfe eines Triggers, gezielt erfassen. So können auch komplexe Abhängigkeiten der parallelen Signale zueinander sichtbar gemacht werden.

Vieles erinnert an ein Oszilloskop, Parallelen sind nicht zu leugnen. Aber die Schöpfer dieser beiden Geräte hatten unterschiedliche Anforderungen beim Bau im Kopf. Der Logikanalysator ist, im Gegensatz zu dem für die analoge Elektronik gedachten Oszilloskop, in jeder Hinsicht für digitale Signale entwickelt und optimiert worden.

Um die Komplexität, der in digitalen Schaltungen verwendeten Protokolle noch durchdringen zu können, ist ein Logikanalysator für die Protokollanalyse einer Schaltung unverzichtbar geworden. Tritt in einer digitalen Schaltung ein Problem auf und beispielsweise ein mit dem I²C-Protokoll angesteuertes Display funktioniert nicht wie erwartet, kann ein Entwickler zwar im Quellcode und bei den verwendeten Bibliotheken einiges ausprobieren, um den Fehler zu finden, aber die Hardware-Seite bleibt ihm dabei verwehrt. Basiert der Fehler auf einem Timing- oder Takt-Problemen, einer Störung auf der Signalleitung oder Kollisionen auf dem Bus, dann hilft zum exakten Eingrenzen des Problems oft nur noch der Logikanalysator weiter.

Allerdings ist der Logikanalysator aber auch nicht das ultimative Werkzeug zur Fehlersuche. Die Nutzung eines Logikanalysators ist gelegentlich zeitaufwändig und kompliziert. Manchmal verbringt man mehrere Tage mit Datenblättern, Protokollbeschreibungen, Protokollanalysatoren und der Erstellung von Triggern, um dem Fehler überhaupt nahezukommen.

Aber wenn man vorher schon mit der Fehlersuche auf der Softwareseite nicht mehr weitergekommen ist, bleibt einem nichts anderes übrig, als der Sache mit einem Logikanalysator auf den Grund zu gehen und die entsprechende Zeit zu investieren.

Wenn Sie einen Logikanalysator das erste Mal verwenden, werden Sie möglicherweise bei der Fehlersuche von Informationen erschlagen werden. Verzweifeln Sie nicht! Es wird von Mal zu Mal besser und nach einiger Zeit werden Sie geübt und routiniert mit einem Logikanalysator umgehen können und auch bei neuen Protokollen und Problemen Ihren effizienten Weg gefunden haben, den Fehler systematisch einzugrenzen und zu finden.

Um einen Logikanalysator besser zu verstehen, müssen Sie sich ein paar Grundlagen seiner Funktionsweise klar machen. Ein Logikanalysator visualisiert nicht nur den zeitlichen Verlauf der digitalen Signale, die er erfasst, er kann sie auch interpretieren, wenn man es wünscht. Dies wird mit speziellen Protokollanalysatoren gemacht, die das jeweilige Protokoll analysieren und in einer für das Auge verständlichen Form entschlüsseln. Jedes Protokoll benötigt dafür einen eigenen Protokollanalysator.

Dem Logikanalysator steht das Oszilloskop gelegentlich bei der Fehlersuche zur Seite. Dieses ist am besten dafür geeignet analoge Signale sehr genau und präzise darzustellen, da es über eine deutlich höhere Abtastrate und Bandbreite als ein Logikanalysator verfügt. Das Oszilloskop ist immer die erste Wahl, wenn es um die Betrachtung von analogen Signalen geht. Es ist zwar auch in der Lage, die gleichen digitalen Signale zu sehen, die auch ein Logikanalysator sieht, aber es ist von seinem Aufbau her meist nicht dafür optimiert. Und da es nur bis zu vier Eingänge hat, ist solch ein Gerät kaum von irgendeinem Nutzen, wenn man eine digitale Schaltung mit einem 32-Bit Datenbus und einen 64-Bit Adressbus vor sich liegen hat.

Wofür ist das Oszilloskop gut? Das Oszilloskop ist dafür gemacht Signale möglichst genau abzubilden. So sind kleine Unregelmäßigkeiten, Spitzen oder auch ein Überschwingen von Signalen deutlich sichtbar. Es ist beispielsweise besonders gut geeignet für eine Untersuchung der Signalintegrität. Dies ist wiederum keine Stärke der meisten Logikanalysatoren. Ein Logikanalysator zeigt all diese Unregelmäßigkeiten nicht an, da seine Funktionsweise einen anderen Schwerpunkt hat. Er stellt die idealisierte Form der Signale dar, weil er die Signale anhand ihres Logik-Pegels als ein High oder Low Signal einstuft. Der Logikanalysator hat eine andere Sicht auf die Signale, da seine Erfassung und Messung der Eingangssignale anders aufgebaut ist als bei einem Oszilloskop. Es ist für ihn nur wichtig, alle 0en und 1en zu erfassen, es geht nicht um die genaue Form des Signals. Im Extremfall wird ein Signal mit dem Verlauf einer Sinuswelle von einem Logikanalysator als Rechteck-Signal dargestellt.

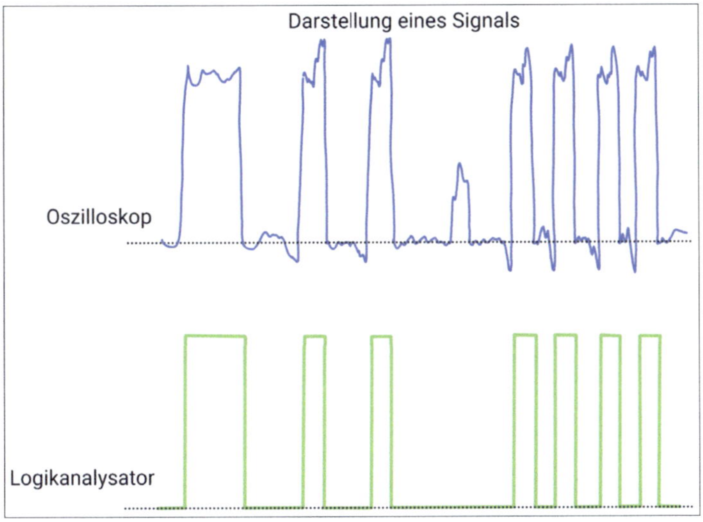


*Bild 1.1 Die unterschiedliche Darstellung eines Signals durch ein Oszilloskop und einen Logikanalysator*

Behalten Sie diesen Unterschied im Hinterkopf: Bei der Fehlersuche in digitalen Signalen kann Ihnen also ein Oszilloskop manchmal weiterhelfen, weil manche Probleme der Signale von einem Logikanalysator verschluckt werden können. Wie Sie in dem Bild 1.1 sehen, wird ein recht schwaches Signal in der Mitte der Sequenz nicht vom Logikanalysator als ein High erkannt und somit bleibt seine Interpretation der Signal-Sequenz an dieser Stelle auf Low. Aber was ist nun mit diesem möglichen Signal? War das ein Signal, welches zu schwach ist? Ist dies ein Störsignal, welches, wenn es nur ein wenig stärker gewesen wäre, als High interpretiert worden wäre und hätte die Logik gestört? Ist dieses Signal gedämpft, weil der Logikanalysator angeschlossen ist? (Der Anschluss eines Logikanalysators kann Effekte auf die Schaltung haben, dies wird noch später im Buch besprochen.) Dieses Rätsel gilt es zu lösen und dabei kann einem ein Oszilloskop helfen, da dies für die Analyse einzelner Signale gemacht ist. Bei einer bestimmten Art von Fehlern hilft einem ein Oszilloskop auch bei digitalen Schaltungen weiter. Fehler und Probleme, die mit den Protokollen zu tun haben, sind allerdings die Stärke eines Logikanalysators.

**Aufbau und Geschichte eines MSO**

Früher war ein Oszilloskop noch analog aufgebaut. Diese Geräte haben das Signal, das am Eingang anliegt, direkt auf dem Bildschirm sichtbar gemacht. Das an der Eingangsbuchse empfangene Signal wurde aufbereitet und als Elektronenstrahl auf die Innenseite der Bildröhre gelenkt. Dabei wurde die Phosphorschicht auf der Bildschirminnenseite zum Leuchten angeregt, eine Linie wurde auf dem Bildschirm sichtbar.

Diese Geräte sind heutzutage fast vollständig vom Markt verschwunden. In einigen Werkstätten sieht man manchmal noch das damals sehr verbreitete Hameg 203.

Die heutigen auf dem Markt verwendeten Oszilloskope werden DSO genannt, eine Abkürzung für Digitales Speicher Oszilloskop. Sie arbeiten digital und verwandeln das analoge Eingangssignal in ein digitales Signal um, das im Datenspeicher abgelegt wird. Von dort wird die Signalinformation mit einem FPGA und einer Menge Software weiterverarbeitet, wobei es auch auf einem Bildschirm zur Darstellung kommt.

Der Aufbau und die Arbeitsweise sind also komplett anders als bei früheren analogen Oszilloskopen. Und damit ist auch der größte bauartbedingte Unterschied zwischen einem Oszilloskop und einem Logikanalysator verschwunden.

Das Ergebnis dieser Entwicklung ist nun das MSO. Das Mixed Signal Oscilloscope. Der digitale Aufbau eines heutigen Oszilloskops ermöglicht die Kombination beider Einsatzzwecke. Da das Signal an der Eingangsbuchse ohnehin in ein digitales Signal umgewandelt wird, ist der Weg zu einem Logikanalysator nicht mehr weit. Der Logikanalysator und das Oszilloskop verschmelzen miteinander. Einige Hersteller bieten aus diesem Grund mit ihren MSO zwei Geräte in einem an, ein Oszilloskop mit einem integrierten Logikanalysator.

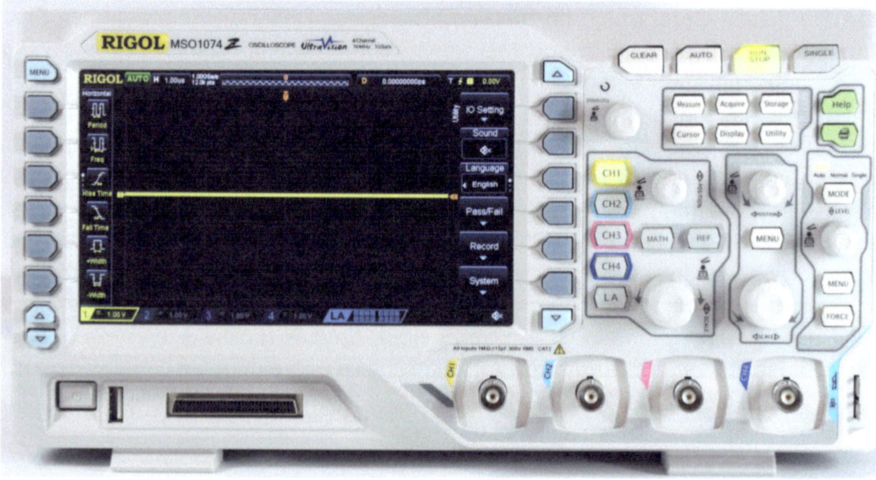


*Bild 1.2 Bei einem MSO ist meist unter dem Bildschirm die Anschlussleiste des Logikanalysators zu sehen*

Zurück zum Logikanalysator. Der Logikanalysator ist also ein Messgerät, welches digitale Signale simultan über all seine Kanäle abgreifen, aufzeichnen, anzeigen, messen und dekodieren kann. So kann bei der Analyse der aufgezeichneten Signalverläufe, die zeitliche Korrelation und Abhängigkeit zwischen den Signalen untersucht werden. Protokolle können dabei mit Protokollanalysatoren entschlüsselt und visualisiert werden, um die Steuer- und Datensignale für das Auge erkennbar zu machen.

*Bild 1.3 Ein DSLogic Plus Logikanalysator – Modern und leistungsfähig*

Für den Hobby-Elektroniker und auch den Profi bieten moderne Logikanalysatoren, die mittels USB an dem Computer angeschlossen werden, viele Möglichkeiten. In Zusammenarbeit mit der dazugehörigen Software wird eine Analyse digitaler Signale ermöglicht, die vor einigen Jahren nur in professionellen Geräten zu einem Vielfachen des Preises enthalten waren. Die ständige Weiterentwicklung von Plugins für diese Software, bietet eine ständige Erweiterung des Funktionsumfangs, der für die Dekodierung von ständig neuen Protokollen nötig ist. Dies ist ein deutlicher Vorteil gegenüber früheren Geräten, die in Ihrer Ausstattung statisch waren. Die Dekodierung neuer digitaler Protokolle ist so auch noch lange nach dem Kauf des Logikanalysators möglich, einfach indem die Software aktualisiert wird.

**Einsatzzweck eines Protokollanalysators**

In Bezug auf die Protokollanalysatoren gibt es einen wichtigen Punkt zu beachten, um ihren Einsatzzweck zu verstehen: Ein Protokollanalysator macht den Inhalt des Protokolls sichtbar und nachvollziehbar. Das bedeutet aber nicht, dass es einfach zu verstehen ist, was dieses Protokoll macht und überträgt. Oft werden z.B. Inhalte von Registern aus einem Sensor übertragen, in denen einen Zahlenwert in Hex codiert ist. Damit tut sich eine weitere Ebene auf, in der es darum geht, den erhaltenen Inhalt weiter zu entschlüsseln, indem beispielsweise dieser Zahlenwert erst umgerechnet werden muss, um an die Grad-Zahl in Celsius oder in Fahrenheit zu gelangen. Dieser letzte Schritt passiert dann in der Software des Gerätes. Diesen Teil sehen Sie aber nicht in der Übertragung zwischen dem Sensor und dem Mikrocontroller. Der Hersteller des Sensors gibt im dazugehörigen Datenblatt die notwendigen Schritte an, die dann in der Firmware implementiert werden müssen, um an den letztendlich im Display zu visualisierenden Wert zu gelangen. Genau hier liegt oft die Schwierigkeit, die viele Anwender scheitern lassen, wenn Sie einen Logikanalysator das erste Mal verwenden, und danach enttäuscht in die Ecke werfen. Sie können mit einem Protokollanalysator viel sichtbar machen und nachvollziehen, er nimmt Ihnen die Arbeit aber nicht ab, er macht sie nur einfacher.

Logikanalysatoren sind, wie schon angesprochen, auch als Bestandteil eines Oszilloskops verfügbar. Als zusätzliches Modul, parallel zu den normalen Analogeingängen des Oszilloskops, kann der Anwender so weitere 16 oder 32 digitale Kanäle nutzen. In solch einem MSO (Mixed Signal Oszilloskop) bietet sich so die Möglichkeit, analoge und digitale Signale in einer Schaltung zum gleichen Zeitpunkt - in Abhängigkeit zueinander - auszuwerten. Bei der gleichen Analyse, mit zwei getrennten Geräten, einem USB-Logikanalysator und einem Oszilloskop, ist sowas nicht so einfach möglich. Um mit zwei getrennten Geräten analoge und digitale Signale in Abhängigkeit zueinander zu analysieren, ist oft eine Synchronisation des Triggers zwischen beiden Geräten notwendig. Die zeitgleiche Erfassung und Analyse ist so zwar möglich, das Ergebnis muss aber trotzdem noch - über die Gerätegrenze hinweg - zusammengeführt werden. Entweder durch das Auge oder durch eine Übertragung der erfassen Samples zu einem weiteren System, um dort mit geeigneten Mitteln die Fehleranalyse weiterzuführen. Hört sich schwierig, fehleranfällig und kompliziert an, oder?

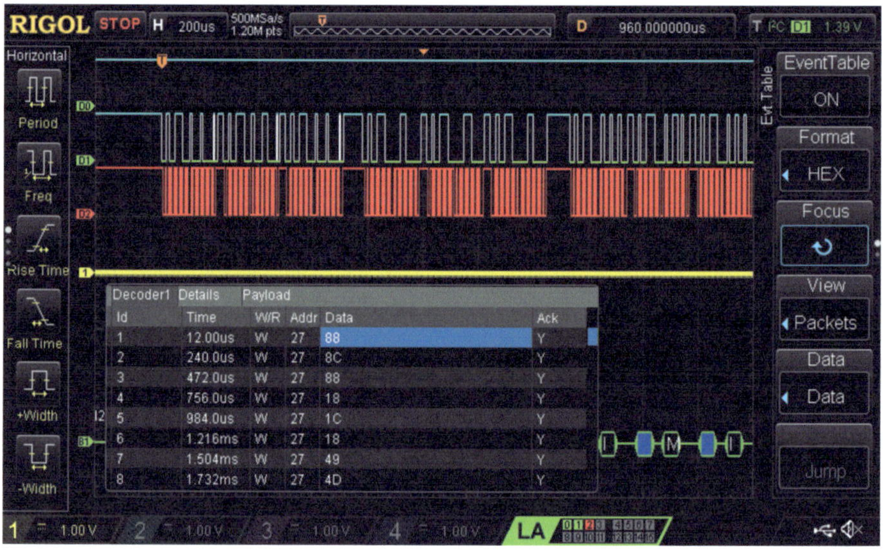


*Bild 1.4 Analyse eines I²C-Protokolls mit einem Rigol MSO*

Fairerweise muss man sagen, dass die Notwendigkeit solch einer komplizierten Fehlersuche recht selten der Fall ist, meist das Auge dabei ausreicht und komplexere Fälle fast immer mit etwas Kreativität anders gelöst werden können.

Wesentlich negativer ist die Eigenheit mancher MSO, beim Einsatz des integrierten Logikanalysators einen oder zwei der analogen Eingänge zu deaktivieren, oder nur die in der Anzeige sichtbaren digitalen Signale zu dekodieren und nicht den kompletten Signalverlauf, der im Speicher gehalten wird. Ein USB-Logikanalysator ist da weit flexibler und leistungsfähiger als die in den MSO der Einstiegsklasse enthaltenen Logikanalysatoren.

Verwerfen Sie aber nicht jetzt schon die Nutzung eines MSO für Ihre Zwecke. Es gibt auch Stärken bei diesen Geräten, auf die ich später noch zu sprechen kommen. Für jede Fehlersuche gibt es das richtige Gerät, in einigen Fälle ist auch ein MSO das Mittel der Wahl.

Über die Hardware eines Logikanalysators wissen Sie jetzt schon einiges. Kommen wir nun zur Software.

### 1.1.1 Welche Software benötigt ein Logikanalysator?

Zu jedem USB-Logikanalysator gehört grundsätzlich eine Software, die zur Hardware des Logikanalysators passen muss. Die Software muss die einzelnen Kanäle steuern können, die Aufzeichnung der Signale ermöglichen und die Analyse der aufgezeichneten Signale möglich machen. Letzteres geschieht mit Protokollanalysatoren, die zumeist als Plugins in der Software bereitgestellt werden.

Eine sehr bekannte Software dafür ist die Open-Source-Software Sigrok. Sie unterstützt eine Vielzahl von Logikanalysatoren. Oft kann auch die vom Hersteller des Logikanalysators mitgelieferte Software durch Sigrok ersetzt werden. Dies ist von Vorteil, wenn Sie einen alten Logikanalysator weiterverwenden möchten, der nicht mehr weiter gepflegt wird, oder wenn Ihr Logikanalysator selbst aus der Open-Hardware-Szene kommt. Sigrok ist dabei das Kommandozeilen-Programm im Hintergrund, die Anzeige und Bedienoberfläche wird durch das Programm Pulseview bereitgestellt.

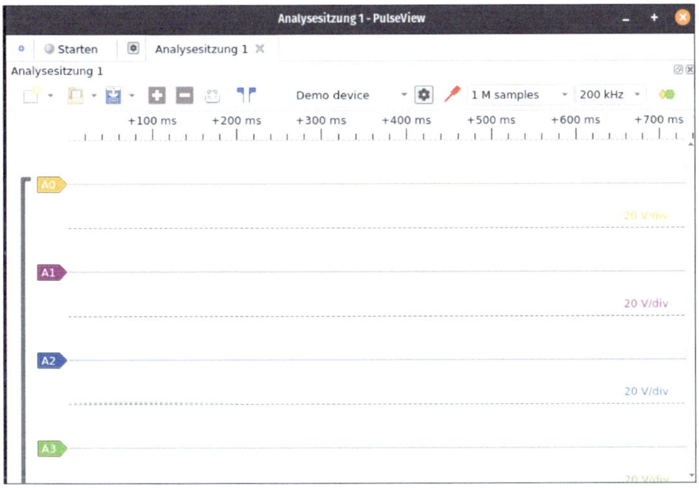


*Bild 1.5 Sigrok Pulseview Analysefenster – Übersichtlich und einfach aufgebaut*

Der Ansatz in diesem Buch ist ein möglichst einfacher Einstieg in die Arbeit mit einem Logikanalysator. Ein hier im Buch verwendetes Gerät ist ein einfaches und kostengünstiges Modell, welches über die gängigen Online-Plattformen für wenig Geld gekauft werden kann. Der Kosten-Nutzen-Faktor dieses einfachen Noname-USB-Logikanalysators ist unschlagbar. Und mit seinen 8-Kanälen und bis zu 25 MHz Bandbreite ist er für die meisten Aufgaben bestens geeignet.

*Bild 1.6 Ein günstiger 8-Kanal Logikanalysator für den Einstieg in die Protokollanalyse*

Die Nutzung dieses Logikanalysators erfolgt dann mit Sigrok und Pulseview. Die aktuellen Pakete dieser Open-Source-Software können Sie im Internet unter http://sigrok.org herunterladen. Der Einstieg in die Welt des Dekodierens digitaler Signale ist so schnell geschafft

### 1.1.2 Ist ein einfacher Logikanalysator ausreichend?

Moderne Mikrocontroller besitzen oft eine I²C oder SPI-Schnittstelle. Die Einfachheit des SPI und I²C Protokolls, die breite Unterstützung in der Peripherie der Mikrocontroller, der günstige Preis und die recht einfache Implementation solch einer Schnittstelle beim Design von Platinen führte dazu, dass diese Protokolle mittlerweile überall anzutreffen sind. Die serielle Schnittstelle RS-232 wird auch noch gerne verwendet. Deshalb reicht im Allgemeinen in der heimischen Werkstatt ein Logikanalysator mit 8 Kanälen und einer Bandbreite bis 20 MHz aus.

Der Bedarf für einen Logikanalysator mit deutlich mehr Kanälen, um breite Daten- oder Adressbusse, wie beispielsweise bei einem Speicherriegel zu analysieren, ist im Hobby-Bereich sehr selten. Die Taktfrequenzen bei solchen Bussen sind oft so hoch, dass deutlich teureres und professionelles Equipment notwendig wäre, um dort eine Analyse durchführen zu können. Sparen Sie sich in der Anfangszeit das Geld, welches Sie in einen Logikanalysator investieren müssten, um überhaupt in den Bereich dieser Profiliga zu kommen. Im Verlauf des Buches werden Sie noch die Knackpunkte kennenlernen, auf die es ankommt. Und am Ende des Buches werden Sie genau wissen, welcher Logikanalysator Ihr nächster Schritt nach diesem einfachen 8-Kanal 24 MHz Modell sein könnte. Versprochen! Aber das Prinzip ist im Großen und Ganzen dasselbe: Können Sie mit einem Logikanalysator gut umgehen, finden Sie sich auch schnell in der Bedienung eines anderen Modells zurecht.

**Wie viel Kanäle sind nötig bei einem Logikanalysator?**
Die bei modernen Mikrocontrollern verwendeten Protokolle benötigen wenige Leitungen. Beim Anschluss eines Logikanalysators benötigt man, neben einem GND-Anschluss, nur Kanäle für folgende Leitungen:

SPI = 4 Leitungen (SDO/MOSI, SDI/MISO, SCK, SS)
$I^2C$ = 2 Leitungen (SCL, SDA)
1-Wire = 1 Leitung (DQ)
RS-232 = 2 Leitungen (TX, RX) (mit Flusssteuerung 4 Leitungen / + CTS, RTS)
HD44780 = 7 oder 11 Leitungen (4 oder 8 Datenleitungen, RW, RS, E)

## 1.2 Wofür brauche ich einen LA?

Sie brauchen einen Logikanalysator, weil digitale Schaltungen nicht mehr mit Logikgattern aufgebaut werden, in denen das Signal in seinem Verlauf und seinen Zuständen einfach verfolgt werden kann. Früher konnte man die korrekte Funktion einer digitalen Schaltung mit einem Logiktester, einer so genannten *"Logic Probe"*, überprüfen. An den verschiedenen Testpunkten einer Schaltung, oder an den Anschlussbeinchen der ICs konnte man so nach einem High oder Low Signal schauen und dem Signalverlauf durch die Reihen der ICs folgen, bis man den Fehler gefunden hatte. Daraufhin reparierte man die fehlerhafte Stelle, der betroffenen IC wurde ausgewechselt, und die Schaltung funktionierte wieder. Die Logik war in den ICs "fest verdrahtet". Heute wird die Logik durch Software definiert.

Manche Logic Probes konnten auch binär zählen, solche Luxusmodelle wurden dann *"Logic Scope"* genannt.

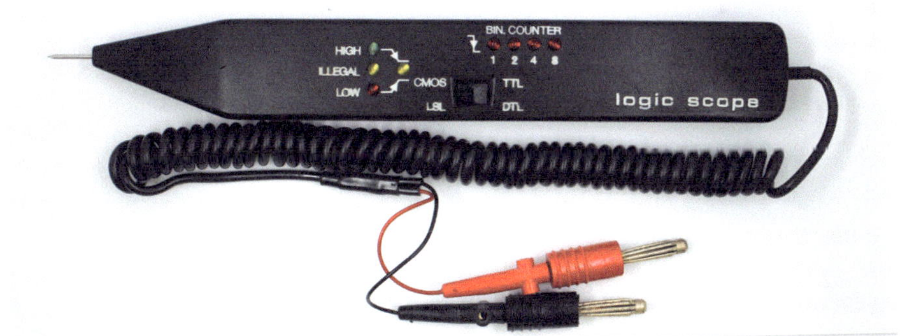


*Bild 1.7 Ein Logic Scope aus den 1980er Jahren welches auch binär zählen kann*

Außer bei der Reparatur von alten Schaltungen aus den 1970er und 1980er Jahren, trifft man heute nicht mehr auf solch einen Schaltungsaufbau. Digitaltechnik von heute arbeitet mit Protokollen, die weit komplexere Abläufe haben als die alten Logik-Schaltungen. Durch die große Anzahl von Varianten heutiger Mikrocontroller und Mikroprozessoren sind eine Vielzahl von Protokollen in den Schaltungen im Einsatz. Insgesamt ist auch die Dichte der Schaltungen durch die viel höhere Integration deutlich gestiegen.

*Bild 1.8 Die Logikgatter des ersten Apple-Computers mit großen Abständen*

Obwohl Hobby-Elektroniker heutzutage schon mehrheitlich digital arbeiten – fast jeder nutzt heutzutage einem Arduino oder Raspberry Pi oder Pico in seinen Projekten – verwendet kaum jemand einen Logikanalysator, wenn es um die Fehlersuche geht.

Diese Geräte sind nur in wenigen Fällen in einer Amateur-Werkstatt zu finden, denn früher waren sie selten und teuer. Obwohl Logikanalysatoren seit einigen Jahren schon zu erschwinglichen Preisen zu haben sind, haben sie sich noch nicht weit außerhalb der professionellen Elektronikentwicklung verbreitet. Da aber auch der Hobby-Elektroniker heutzutage seinen Temperatursensor mit einem digitalen Protokoll ausliest und auch vermeintlich einfache Sachen schon ein eigenes Protokoll verwenden, gehört ein einfacher Logikanalysator mittlerweile zur Grundausstattung einer Elektronikwerkstatt. Denn selbst farbige LEDs werden heute mit einem digitalen Protokoll gesteuert.

Verschiedene Anbieter haben deshalb günstige Logikanalysatoren entwickelt, die via USB an einen PC angeschlossen und mit der dazugehörigen Software bedient werden. Da sich die digitale Welt mit ihren Protokollen ständig und schnell weiterentwickelt, wird auch die Software flexibel gehalten, indem die Protokollanalysatoren als Plugins in der Software eingebunden werden und so jederzeit erweiterbar sind.

**Nicht verwechseln!**
Logikanalysator = Ein Gerät zum Erfassen und Analysieren digitaler Signale
Protokollanalysator = Ein Bestandteil der Software eines Logikanalysators, der die digitalen Protokolle entschlüsselt und verständlich macht.

Ist man erst einmal beim Einsatz eines Logikanalysators geübt, spart man viel Zeit bei der Fehlersuche und auch das Verständnis um digitale Protokolle und deren Stolpersteine steigt enorm an.

## 1.3 Was macht den Logikanalysator besonders?

Ein Logikanalysator hat viele Eingänge, so genannte Kanäle, mit denen digitale Signale simultan erfasst werden können. Während einfache Geräte mit 8 bis 16 Kanälen erhältlich sind, können hochpreisige Geräte bis zu 80 Kanäle bereitstellen. Die generellen Unterschiede zu einem Oszilloskop wurden schon besprochen, aber was macht den Logikanalysator nun noch besonders?

Digitale Trigger sind ein wichtiges Feature bei einem Logikanalysator. Während Oszilloskope einfache Trigger auf den Verlauf eines analogen Signals anwenden können, können Logikanalysatoren auch komplexe digitale Signale triggern, beispielsweise die steigenden oder fallenden Flanken eines Signals; in einem einzelnen Kanal, oder über mehrere Kanäle hinweg. Bei manchen Logikanalysatoren kann das Eintreten von bestimmten Triggerevents in einem bekannten zeitlichen Ablauf über mehrere Kanäle hinweg definiert werden. Es können also mehrere Trigger auf Vorkommnisse, die in Abhängigkeit zueinanderstehen, definiert werden.

Komplexe Trigger ermöglichen auch die Suche nach speziellen Mustern im digitalen Signalverlauf, durch die Definition eines so genannten Pattern-Triggers.

Wenn die Software des Logikanalysators gut gemacht ist, kann man nicht nur den Signalverlauf nach einem Triggerzeitpunkt sehen, sondern auch den Zeitraum davor. Bei der Fehlersuche ist dies ein oft unterschätztes Feature.

Nicht jeder Logikanalysator ist dazu in der Lage. Inwieweit komplexe Trigger unterstützt werden, hängt von der dazugehörigen Software ab. Da diese aber meist durch Plugins erweiterbar ist, die von der Community bereitgestellt werden, lohnt sich oft ein Blick in die dazugehörigen Support-Webseiten des Herstellers.

Die Software ist bei Logikanalysatoren, die via USB angeschlossen werden, in der Regel deutlich bedienerfreundlicher als die Benutzung der Displayeingabe bei früheren Stand-alone-Geräten. Jeder Benutzer verwendet heutzutage intuitiv die Computer-Maus, mit der all dies einfach von der Hand geht. Das Suchen, Hineinzoomen und Durchführen von Messungen, wie Duty-Cycle, Pulsweite, Frequenz usw., ist mit der Maus und der großen Darstellung auf einem Monitor einfach und effizient.

Dabei sind die Möglichkeiten und die verfügbaren Protokolle zum Dekodieren der digitalen Signale in der dazugehörigen Software fast immer deutlich umfangreicher als in einem Stand-alone-Gerät.

Hervorzuheben ist eine Besonderheit von USB-Logikanalysatoren: Die Echtzeitanalyse von digitalen Signalen ist begrenzt. Die dabei anfallenden Datenmengen sind schnell sehr viel mehr, als die USB 2.0-Schnittstelle übertragen kann. Die Grenze liegt hier bei 100 MHz bei der direkten Übertragung der erfassten Signale an den PC. Manche Logikanalysatoren können einen internen Pufferspeicher nutzen und so Signale bis zu 400 MHz analysieren, dabei ist der Platz aber oft begrenzt und somit auch der maximale Aufzeichnungszeitraum.

Bei einem Logikanalysator mit USB 3.0 Schnittstelle ist auch eine Analyse von bis zu 1 GHz schnellen Signalen möglich, bei direkter Übertragung der erfassen Signale zum PC.

Hier liegt die Grenze zur Profi-Liga. Das Erfassen von sehr schnellen digitalen Signalen jenseits der 1 GHz Marke ist den teuren Stand-alone-Geräten vorbehalten, die beispielsweise mit bis zu 12,5 GHz arbeiten und mit der so erreichbaren Abtastrate auch die Arbeit an DDR4 Speicherriegeln ermöglicht, um beispielsweise zu überprüfen, ob diese die nötigen Spezifikationen einhalten. Ein sehr spezieller Einsatzzweck. Es gibt in der Welt also noch einen Platz für hochpreisige Logikanalysatoren als Stand-alone-Gerät.

## 1.4 Was ist ein Logikanalysator nicht?

Gehen wir nochmal einen Schritt zurück, um eins ganz klar zu sagen: Egal wie ähnlich Ihnen die beiden Geräte vorkommen, ein Logikanalysator ist kein Oszilloskop! Wenn Sie dies nicht im Hinterkopf behalten, werden Sie früher oder später, bei der Fehlersuche und Analyse eines Protokolls, in eine Falle tappen.

Ein Beispiel, um dies zu verdeutlichen ist der Run/Stop/Auto-Trigger eines Oszilloskops. In dieser Einstellung, über eine vordefinierte Taste am Oszilloskop aktivierbar, wird ein langsam vorkommendes Signal getriggert und die Anzeige des Signals wird auf dem Bildschirm des Oszilloskops bei jedem getriggerten Ereignis aktualisiert. Eine Veränderung des Signals wird so für das Auge schnell sichtbar.

Solch eine Funktion wünscht sich der versierte Oszilloskop-Benutzer gerne auch bei seinem Logikanalysator. Aber: Das funktioniert hier nicht so. Der Logikanalysator ist kein Oszilloskop.

Bei einem Logikanalysator ist die Vorgehensweise anders: Erfassen – Speichern – Auswerten.

**Erfassen**

Mit einem Logikanalysator erfasst man zuerst ein so genanntes Sample, eine Aufzeichnung des Protokolls über eine bestimmte Zeitdauer. In diesem Sample können ein oder mehrere Vorkommnisse enthalten sein, die man inspizieren möchte.

**Speichern**

Bei einem Logikanalysator kommt es auf Details im Protokoll- oder Datenstrom an, auf einzelne Bits in der Aufzeichnung. Ein Sample ist für die Analyse so klein wie möglich und so groß wie nötig zu halten, damit es in den bereitgestellten Speicher passt, bzw. noch über die USB-Schnittstelle zum Rechner übertragen werden kann.

Das Sample wird also im Computer abgespeichert und so für die weitere Auswertung mithilfe der Software bereitgestellt.

**Auswerten**

Nun erfolgt die softwaregestützte Auswertung. Es gilt, die Nadel im Heuhaufen zu finden. Welche Vorkommnisse in den erfassten Daten sind relevant für die Fehlersuche?

In der Regel werden die gesuchten Vorkommnisse, welche mit dem gesuchten Fehler zusammenhängen, mithilfe eines Triggers erfasst. Wie wird der Trigger definiert? Sie wissen nicht, was der Fehler ist, aber Sie wissen, wo der Fehler ist. Diese Stelle holen Sie sich mit dem Trigger aus dem Heuhaufen.

Die erfassten Daten werden dann unter Verwendung eines Protokollanalysators strukturiert und gruppiert. Die so aufgearbeiteten Vorkommnisse werden verständlich aufbereitet in einer Tabelle angezeigt und ermöglichen es, die einzelnen Zeitpunkte zeilenweise auszuwählen, um sie im Detail betrachten zu können. Bei dieser Detailbetrachtung sollten Sie den Fehler weiter eingrenzen oder finden können.

Der Unterschied zum Oszilloskop ist also, dass das Auge nicht auf Veränderungen reagieren muss. Die Person, der das Auge gehört, kann überlegt und strukturiert vorgehen und im Detail das Protokoll analysieren, um den Fehler zu finden.

**Ergebnisse der Protokollanalyse**

In der Bedienoberfläche des Logikanalysators ist die Ergebnistabelle des Protokollanalysators meist rechts unten zu finden und mit einem Such-Filter kann nun gezielt nach Vorkommnissen im Sample gesucht werden. Wird eine Zeile in der Tabelle mit der Maus ausgewählt, zoomt die Software im Hauptfenster an diesen Punkt und die Signaldarstellung springt genau zu der relevanten Stelle im aufgezeichneten Signalverlauf.

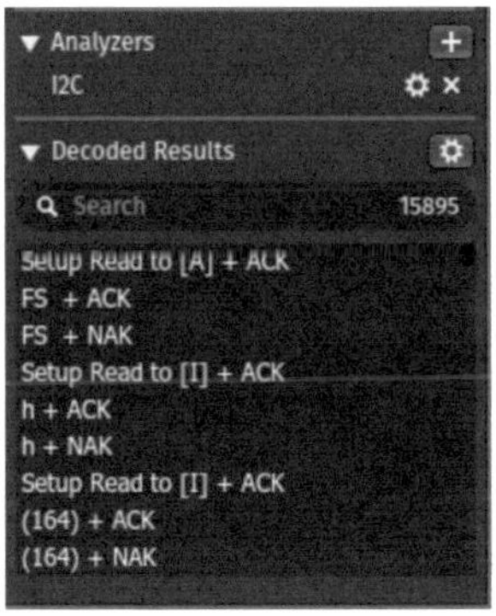


*Bild 1.9 Ergebnistabelle des $I^2C$-Protokollanalysators mit unbedingt nötiger Möglichkeit zur Suche*

Mit den richtigen Trigger-Einstellungen und einem auf die Tabelle angewandten Filter kann man nun die einzelnen Triggerzeitpunkte nacheinander aussieben, bis man die gesuchte Stelle im Signalverlauf gefunden hat.

Und so hat man, eine ähnliche Methode, wie der Run/Stop/Auto-Trigger beim Oszilloskop: Die Vorkommnisse können wie in einem Daumenkino abgefahren werden. Durch ein Hin-

und Herspringen in der Tabelle können visuell Veränderungen des Signalverlaufs für das Auge sichtbar gemacht werden.

Bei einfachen Bitmustern ist dies eine mögliche Methode, um Fehler in den Signalen zu finden. Elektroniker die gut mit einem Oszilloskop umgehen können, wenden intuitiv diese Vorgehensweise auch bei der Arbeit mit einem Logikanalysator an. Allerdings hilft einem solch eine Methode der Fehlersuche nur bei einfachen Signalen weiter. Einen Logikanalysator ähnlich wie ein Oszilloskop zu verwenden, ignoriert die Stärken eines Logikanalysators und schränkt seine Möglichkeiten zu sehr ein. Sie werden so nicht in der Lage sein, jedem Fehler auf die Spur kommen zu können.

Die Philosophie eines Logikanalysators ist eine andere als die eines Oszilloskops. Es geht nicht um die Form eines Signals, um die es bei einem Oszilloskop so gerne bei der Signal-Darstellung geht. Bei einem Logikanalysator kommt es auf Details im Protokoll- oder Datenstrom an, auf einzelne Bits in der Aufzeichnung. Die Nadel im Heuhaufen ist oft so klein, dass sie nicht sichtbar wird, egal wie oft das Auge darüber streift.

Ein einzelnes gekipptes Bit ist in einem digitalen Protokoll in der Regel nicht mit dem Auge zu erfassen, egal wie gut das Daumenkino ist. Das Detail ist zu klein in der Menge der Signalverläufe und Pegeländerungen, die den Bildschirm füllen. Oder ein Glitch wird durch die Eigenart der Erfassung von Signalen durch den Logikanalysator wie ein Bit dargestellt. Er sieht dann für das Auge wie ein Bit aus, ist aber eine Fehlinterpretation. Für die Schaltung bleibt er weiterhin ein Glitch. (Wie Sie damit umgehen können, wird in dem Kapitel zu den Logik-Pegeln und threshold-voltages besprochen).

So einen Fehler finden Sie niemals im Daumenkino. Deshalb wäre genau dieser Run/Stop/Auto-Modus des Oszilloskops nicht zielführend. Man muss mit Filtern und Triggern und einer genauen Inspektion der Signalfolge arbeiten, um solch ein kleines Detail zu finden.

**Was ist ein Glitch?**
Ein Glitch kann in der Praxis sehr viele verschiedene Sachen bezeichnen. Es bezeichnet eine Fehlfunktion, bei der es nicht wirklich möglich ist, die Ursache festzustellen. Mal ist es eine sporadische Fehlfunktion der Schaltung, mal ein intermittierendes Signal, eine Falschaussage in einer booleschen Funktion. Manchmal wird ein Glitch auch Spike genannt.

Ein Logikanalysator ist folglich nicht als Echtzeitinstrument für langsame Signale gedacht. Ein Logikanalysator ist gut, um sporadisch auftretende Einzelereignisse zu finden, oder um in sehr vielen und schnell aufeinander folgenden Signalen einzelne Vorkommnisse zu finden. Die erfassten digitalen Protokolle sind deutlich komplexer als analoge Signalverläufe, deren Darstellung auf einem Oszilloskop-Schirm gut sichtbar sind. Sie sind größer, komplexer und machen für das Auge viel zu wenig Sinn, um noch visuell ausgewertet werden zu können. Sie müssen ab einem bestimmten Punkt anfangen die zahlreichen Möglichkeiten und Features der Software eines Logikanalysators zu nutzen, um sich die Nadel aus dem Heuhaufen auf dem Präsentierteller darreichen zu lassen.

Und "darreichen" ist in dem Zusammenhang das richtige Wort, um zu beschreiben, wie Sie sich die Software des Logikanalysators zu eigen machen müssen, um einen schwierigen Fehler in einem komplexen Protokoll finden zu können: Während bei einem Oszilloskop das analoge Signal also oft schon die Information selbst darstellt, ist dies bei einem digitalen Signal meist nicht mehr so. Dort steckt die Information in dem mit dem Signalverlauf abgebildeten Protokoll. Das einzelne High oder Low, welches ein einzelnes Signal darstellt, ist nur ein Tropfen in dem Eimer Wasser, der in seiner Gesamtheit das Protokoll bildet. Wenn die Information dann noch parallel in den Signalen eines Busses steckt, kann man mit einer visuellen Inspektion der Signale, wie man es gerne mit einem Oszilloskop macht, nichts mehr erreichen. Das Auge kann vielleicht manchmal noch einem einzelnen Signal eine Bedeutung abringen, aber bei 8 oder 16 parallelen Signalen, die zusammen ein Protokoll bilden, funktioniert dies nicht mehr. Hierfür ist der Logikanalysator gemacht, das ist seine Stärke, dies unterscheidet ihn von allen anderen Messgeräten auf Ihrem Tisch. Er erfasst zuerst die Signalverläufe und wertet diese dann hinterher aus. Diese Auswertung übernimmt die Software des Logikanalysators mithilfe eins Protokollanalysators. Am Ende steht eine übersichtliche Tabelle, in der der Anwender mit einem Such-Filter und der Maus seine Analyse vornehmen kann.

Nutzen Sie die Stärken der Software, berücksichtigen Sie die Eigenheiten und Besonderheiten eines Logikanalysators und Sie werden keine Probleme haben. Die Arbeit mit einem Logikanalysator macht eine Menge Spaß!

## 1.5 Wie schließt man einen Logikanalysator an?

Ein Logikanalysator hat in der Regel Anschlüsse auf zwei Seiten seines Gehäuses. Auf der einen Seite ist der USB-Anschluss zu finden, auf der anderen Seite befinden sich die Kanal-Eingänge.

An diesen Kanaleingängen schließen Sie die mitgelieferten Tastköpfe des Logikanalysators an. Jeder Logikanalysator ist etwas anders aufgebaut und so sind auch die Tastköpfe der einzelnen Kanäle und die dazugehörige Masseverbindung(en) anders anzuschließen.

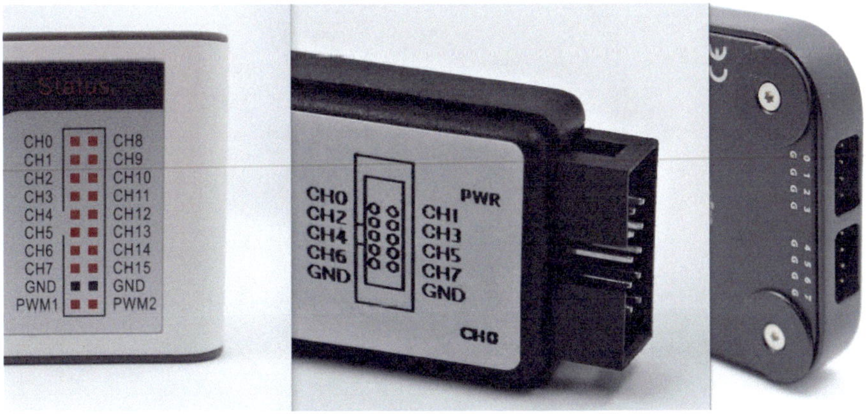


*Bild 1.10 Unterschiede in der Anschlussbeschriftung der Kanäle verschiedener Logikanalysatoren*

Die Kanal-Eingänge sind meist als Stiftreihe oder Buchsenleiste, am Gehäuse nach außen geführt. Bei den meisten Logikanalysatoren ist der Anschluss der Tastköpfe am Logikanalysator sogar verpolungssicher ausgeführt. Das schützt vor versehentlich falsch herum angeschlossenen Tastköpfen, insbesondere wenn man den Logikanalysator wechselweise an verschiedenen Analyseplätzen verwendet und die jeweiligen Tastköpfe an der zu untersuchenden Schaltung angeschlossen lässt. Ich überlasse es Ihrer Fantasie, was bei einer Verpolung der Tastköpfe passieren kann, ich dachte nur ich erwähne es vorsorglich mal.

Bild 1.11 Verpolungssichere Anschlussleiste eines Logikanalysators

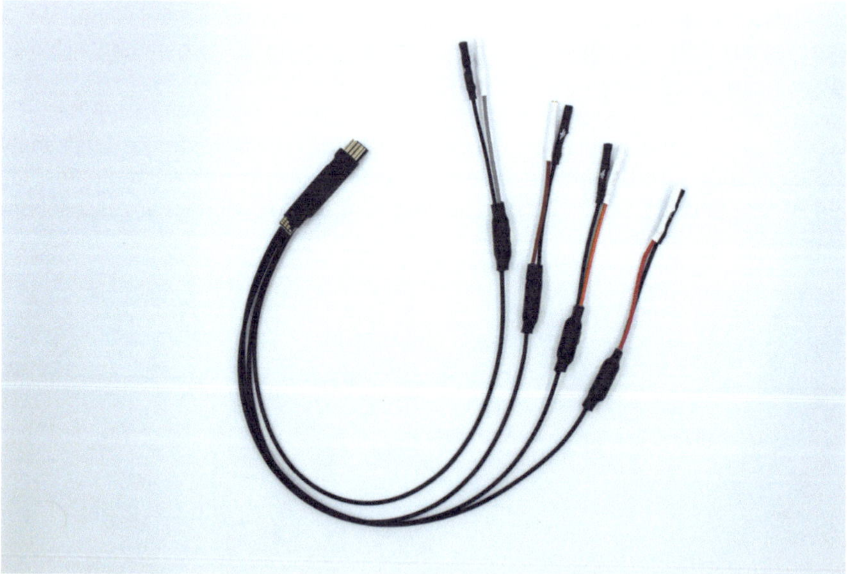

*Bild 1.12 Geschirmte Tastköpfe eines Logikanalysators*

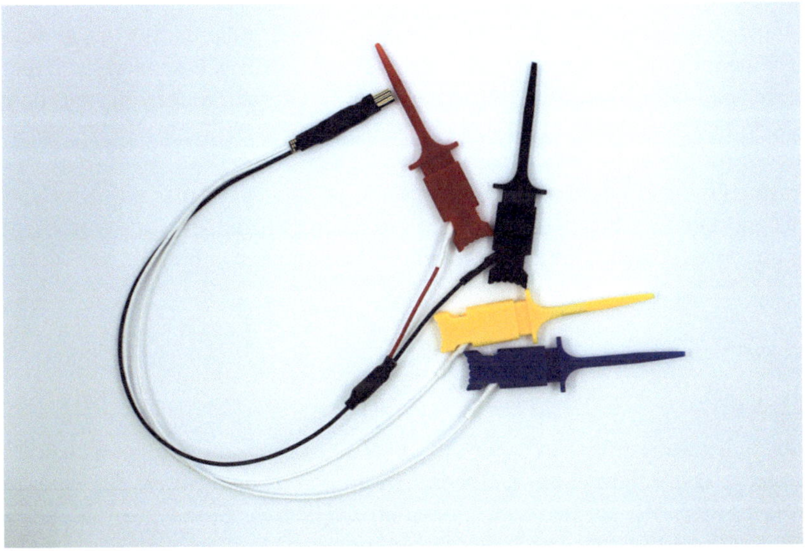

*Bild 1.13 Tastköpfe mit Testclips, um die Signale bedrahteter Bauteile abzugreifen*

Nachdem man die Testclips an die gewünschten Anschlüsse der Schaltung angeschlossen hat, aktiviert man in der Software des Logikanalysators die entsprechenden Kanäle, stellt deren Geschwindigkeit, Samplerate und Logik-Pegel ein, und zeichnet die Signale zur Analyse auf. Wie dies genau funktioniert, wird in den kommenden Kapiteln erklärt.

**Der Masseanschluss ist wichtig**
Wenn Sie eine Schaltung vor sich auf dem Tisch liegen haben, die über ein eigenes Netzteil mit Spannung versorgt wird, daneben möglicherweise einen Laptop, der von seiner Batterie versorgt wird, womit wiederum via USB der Logikanalysator mit Spannung versorgt wird, kann es leicht zu Potentialunterschieden kommen.
Bevor Sie die Signale mit dem Logikanalysator erfassen, müssen Sie darauf achten, dass die Masse des Logikanalysators mit der Masse der zu untersuchenden Schaltung verbunden ist, um diese Potentialunterschiede zu beseitigen. Bei den niedrigen Spannungen und Logik-Pegeln in modernen Schaltungen ist die Differenz sonst schnell zu groß und die Signale können nicht mehr sicher einem High oder Low zugeordnet werden.

Schnelle Signale mit mehreren MHz sind auch schnell verschliffen, d.h. die Flanken werden nicht mehr sauber erkannt, wenn keine gemeinsame Masse verbunden ist.

**Was sind verschliffene Signale?**
Bei verschliffenen Signalen sind die ansteigenden und abfallenden Flanken abgeflacht. Dies kann besonders bei der Prokollanalyse zu Problemen führen, aber auch generell bei der Erkennung von Signalen.

Da alle Eingänge des Logikanalysators die Masseverbindung teilen, reicht es bei Signalen unter 5 MHz in der Regel aus, nur einen Masseanschluss der Anschlussbuchse des Logikanalysators mit dem GND der Platine zu verbinden. Bei schnelleren Signalen sollte zu jedem genutzten Kanal des Logikanalysators der korrespondierende Masse-Anschluss mit einem dem Signal nahegelegenen Ground-Anschluss auf der Platine verbunden werden, um ein Verschleifen der Signale zu verhindern und um damit die fehlerfreie Erkennung der Logik-Pegel zu gewährleisten.

Über weitere zu beachtende Dinge, wie den Einfluss der Messfühler auf das System unter Test (SUT) und der qualitative Unterschied zwischen Messfühlern, die aus einzelnen flexiblen Leitungen oder aus ummantelten Leitungen bestehen, kommen wir im Verlauf des Buches.

## 1.6 Was kostet ein Logikanalysator?

### 1.6.1 Die günstigen Modelle

Einen Logikanalysator kann man schon ab etwa 10,–€ bei den gängigen Online-Versandhäusern kaufen. Das ist dann ein einfacher 8-Kanal Logikanalysator, der eine Bandbreite von 25 MHz besitzt. Mit solch einem einfachen Logikanalysator kann man schon in den meisten Hobby-Projekten mit der Fehlersuche beginnen. Bedient wird solch ein Logikanalysator meist mit Sigrok, einer kostenfreien Open-Source-Software. Die Hersteller liefern somit nur die Hardware und bei der Bedienung greift man auf frei verfügbare Software aus dem Internet zurück.

*Bild 1.14 Ein günstiger 8-Kanal Logikanalysator mit angeschlossener Kabelpeitsche*

Mit einer Suchmaschine Ihrer Wahl können Sie mit dem Begriff *"USB Logic Analyzer 24 MHz 8 CH"* die momentan am Markt verfügbaren Modelle finden.

## 1.6.2 Die mittlere Preisstufe

Die nächste Stufe stellen Logikanalysatoren dar, die von Herstellern unter einem eigenen Namen angeboten werden. Hier wird auch eine auf das Gerät abgestimmte Bediensoftware vom Hersteller mitgeliefert.

Darunter fallen beispielsweise die Hersteller DreamSourceLab, Saleae und Kingst. Diese Logikanalysatoren besitzen meist 8 bis 16 Kanäle und haben eine Bandbreite von 100 MHz.

Deren Preise beginnen, je nach Ausstattung, bei etwa 70,–€ und enden bei mehreren hundert Euro.

*Bild 1.15 DSLogic Plus Logikanalysator*

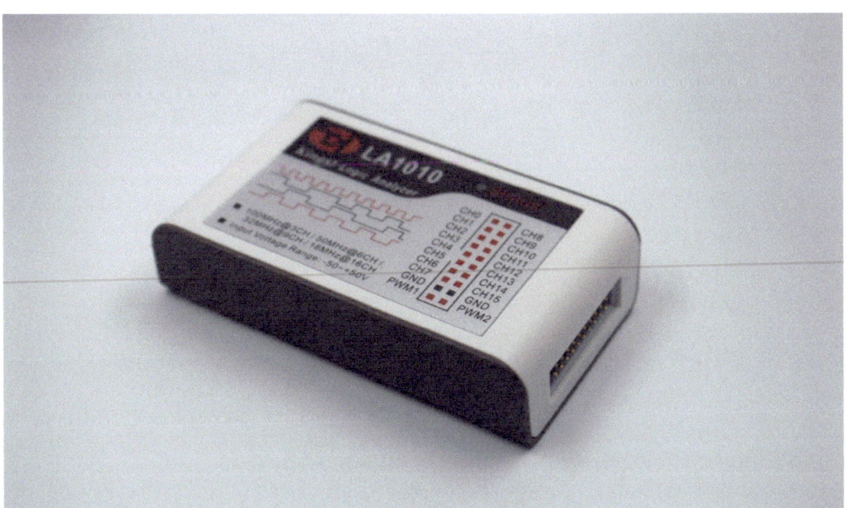


*Bild 1.16 Kingst LA1010 Logikanalysator*

*Bild 1.17 Saleae Logic 8 Logikanalysator*

Hier ist in den nächsten Jahren damit zu rechnen, dass die Bandbreite und die Anzahl der Kanäle, bei gleichbleibendem Preis, immer besser wird. Es gibt in diesem Preissegment schon die ersten Logikanalysatoren mit USB 3.0 Schnittstelle, was schon eine zehnmal mal höhere Bandbreite des Gerätes gegenüber der USB 2.0 Schnittstelle ermöglicht.

(Die DSLogic-Geräte von DreamSourceLab sind, zum Teil, schon mit USB 3.0 Schnittstelle erhältlich. Andere Hersteller folgen sicher bald.)

*Bild 1.18 USB Typ C Buchse der USB 3.0 Schnittstelle eines DSLogic Logikanalysators*

### 1.6.3 Das hochpreisige Segment

Dazu gehören beispielsweise Logikanalysatoren, die in Oszilloskopen integriert sind. Solche Kombigeräte gibt es entweder von Pico Technology als USB-Geräte, wie beispielsweise das MSO2208B, oder auch in Stand-alone-Geräten. Die MSOs gibt es von Rigol, Siglent, Keysight, usw.

Diese Kombi-Geräte kosten mehr als ein einzelner Logikanalysator, weil nicht nur der Logikanalysator bezahlt wird, sondern auch die weiteren im Gerät enthaltenen Funktionen. Dies kann nicht nur ein Oszilloskop sein, sondern auch Erweiterungen, die den Leistungsumfang eines Oszilloskops deutlich ausbauen können: Eine FFT-Analyse, ein Funktionsgenerator, oder auch eine Jitter-Analyse und ein Real-Time-Eye.

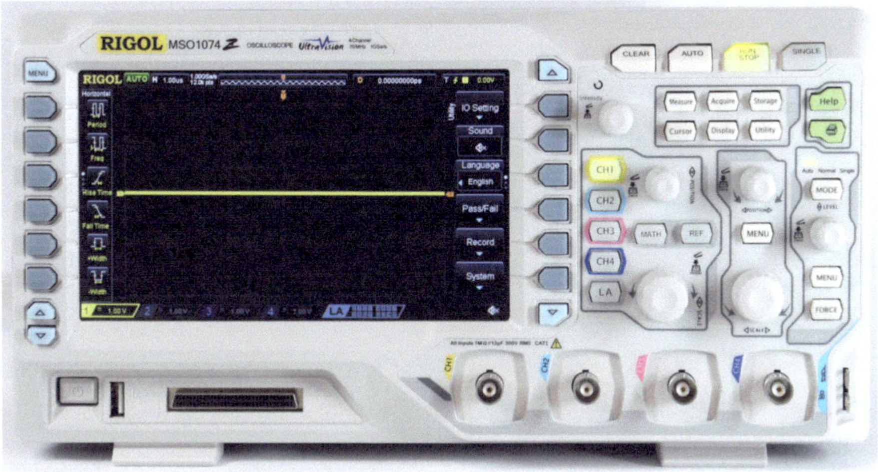


*Bild 1.19 Rigol MSO – Oszilloskop und Logikanalysator in einem Gerät*

Die Kosten für ein Gerät in diesem Segment sind höher – zum Teil deutlich höher – allerdings kann man auch viel Platz auf dem Messtisch sparen. Der Funktionsmehrwert kann hier, je nach Gegebenheit, aber auch in einen Preisvorteil umschlagen. Wenn Sie sich sowieso noch ein Oszilloskop und Signalgenerator anschaffen möchten, dann kann solch ein Kombigerät preislich attraktiver sein als die jeweiligen Einzelgeräte zusammengerechnet.

**Was ist Jitter? Was ist ein Real-Time Eye?**

Jitter ist eine unerwünschte Variation in der Zeit oder Phase von Signalen. Bei Taktsignale, oder andere periodische Signale kann dies zu einer Kaskade von Fehlern in der Schaltung führen.

Ein Real-Time-Eye, auch Augendiagramm genannt, ist eine spezielle Darstellung der Signale in Echtzeit, welches durch seine Darstellung einen Aufschluss über die Qualität der Signale ermöglicht.

*Bild 1.20 Vielfältig und mobil, die beste Kombination von Oszilloskop, Logikanalysator und Signalgenerator in einem Gerät: PicoScope MSO.*

# Kapitel 2 • Die Auswahl eines Logikanalysators

## 2.1 Kriterien und Spezifikationen für die Auswahl

Sie wissen nun, wofür ein Logikanalysator eingesetzt wird und wo seine Stärken und Schwächen liegen. Jetzt benötigen Sie noch ein grundlegendes Verständnis der wichtigsten Spezifikationen, um das für Sie passende Gerät zu finden.

In erster Linie muss ein Logikanalysator zu der digitalen Schaltung passen, für dessen Untersuchung er eingesetzt werden soll. Dabei sind die wichtigsten Kriterien die in der Schaltung verwendeten Logik-Pegel, die Taktfrequenz und die Protokolle.

Der interne Aufbau eines Logikanalysators ist wichtig für einige Features, wie beispielsweise komplexe Trigger, die bei der Auswahl eine Rolle spielen können, wie auch die zum Logikanalysator gehörende Bediensoftware.

Wir gehen diese Punkte Schritt für Schritt durch, um diese im Detail zu verstehen.

## 2.2 Die Bandbreite und Abtastrate

Der wichtigste Teil der Spezifikationen eines Logikanalysators ist seine Bandbreite und Abtastrate. Beide Begriffe werden oft vermischt, manchmal sogar verwechselt, aber sie bezeichnen ganz einfach gesagt die Geschwindigkeit, mit der der Logikanalysator arbeiten kann.

Allerdings sind diese beiden Begriffe nicht dasselbe. Im Kontext der Signalerfassung und Protokollanalyse bezeichnen sie die beiden Seiten einer Münze. Auf dem Rand der Münze steht das Wort *Geschwindigkeit*, auf der Wertseite steht *Bandbreite* und auf der Rückseite steht *Abtastrate*.

Behalten Sie diese Münze nun vor Ihrem geistigen Auge, wir schauen sie uns jetzt einmal genauer an ...

### Abtastrate

Die Abtastrate bezeichnet die Anzahl von Messungen, die der Logikanalysator in einer gegebenen Zeit durchführen kann. Es bezeichnet also die Häufigkeit, mit der ein Signal abgetastet wird. Andere Namen dafür sind Abtastfrequenz, Samplerate, Samplingrate oder auch Samplingfrequenz.

Die Einheit für diese periodische Abtastung ist das Hertz. Damit werden die Abtastungen pro Sekunde bezeichnet. Bei 100 Abtastungen pro Sekunde spricht man von einer 100 Hz Abtastrate. Im Englischen wird auch die Bezeichnung *samples per second* verwendet, abgekürzt als SPS, SPs, SA/s oder S/s. Bei einer Milliarde Abtastvorgänge pro Sekunde lautet die Angabe also 1 GSPS. Bei den technischen Spezifikationen zu den auf den Markt erhältlichen Logikanalysatoren wird mal die eine und mal die andere Bezeichnung für die Abtastrate und für die Bandbreite verwendet, mal spricht man von Hz und mal von SPS. Dies ist oft verwirrend und erfordert eine sehr genaue Betrachtung der vom Hersteller angegebenen Leistungsdaten.

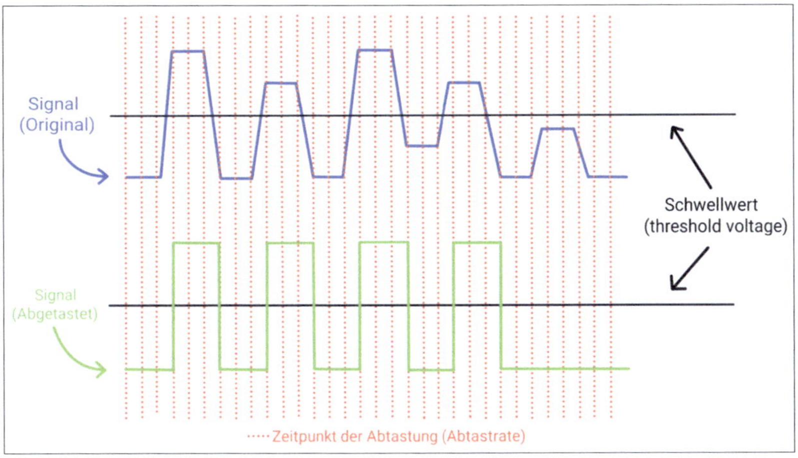


*Bild 2.1 Abtastung eines Signalverlaufs und dessen Interpretation durch einen Logikanalysator*

**Bandbreite**

Die Bandbreite eines Logikanalysators bezeichnet die maximale Taktfrequenz, die ein zu untersuchendes Signal haben darf. Diese Taktfrequenz ist abhängig von der Abtastrate. Um ein Signal genau erfassen zu können, muss der Logikanalysator schneller abtasten können, als das Signal sich ändert. Bei digitalen Signalen sollte ein Logikanalysator in der Regel fünf bis zehnmal schneller abtasten, als die Taktfrequenz des Signals maximal betragen kann. Ein Beispiel: Ein 50 MHz Signal sollte demnach mit einer Abtastrate von 400 MHz, bzw. 400 MSPS, erfasst werden. Damit hat man eine achtmal höhere Abtastrate eingestellt.

**Was bedeutet dies nun für die Geschwindigkeit?**

Wenn ein Logikanalysator damit beworben wird, dass er eine Bandbreite von 100 MHz hat, müssen Sie bei den technischen Spezifikationen des Gerätes schauen, ob damit nun wirklich die Frequenz der zu untersuchenden Schaltung gemeint ist, oder die Geschwindigkeit, mit der der Logikanalysator die Signale abtasten kann. Wird von MHz oder von MSPS gesprochen?

Wenn von MSPS gesprochen wird, ist es wichtig zu wissen, mit welchem Faktor die Abtastung gegenüber der Frequenz der Schaltung ausgegangen wird. Vom vierfachen? Vom zehnfachen?

Ist bei dem gedachten Faktor nur die originalgetreue Rekonstruktion der Signale das Ziel, und deshalb wird von einer Abtastfrequenz ausgegangen, die etwa vier bis zehnfach höher als die Frequenz der Signale ist?

Oder geht es auch um die Analyse des Protokolls, welches in den Signalen steckt? Allerdings benötigen viele Protokollanalysatoren mindestens eine Abtastrate, die 10- bis 15-fach über der Geschwindigkeit der Signale der Schaltung liegt, da es dabei nun nicht nur um eine möglichst originalgetreue Rekonstruktion der Signale geht, sondern auch um das Timing derselben.

**Überabtastung?**
Im Verlauf dieses Buches wird öfters von der x-fachen Abtastrate gesprochen. Mal ist es mindestens die vierfache, die fünffache, die zehnfache oder auch mal die zwölffache Abtastrate. Warum so eine hohe Überabtastung?
Als Benutzer eines Oszilloskops kennt man das Nyquist-Shannon-Abtasttheorem (heute wird es WKS-Abtasttheorem genannt), in dessen Atemzug gerne von einer vierfachen Überabtastung gesprochen wird, um ein Signal rekonstruieren zu können.
Bei einem Logikanalysator sieht die Welt allerdings anders aus: Wir wollen nicht (nur) ein Signal rekonstruieren, wir möchten ein Protokoll analysieren! Und ein Protokollanalysator benötigt oft eine deutlich höhere Abtastrate als das Vierfache, um fehlerfrei arbeiten zu können.

In dem Fall, dass der Logikanalysator eine maximale Abtastrate von 100 MSPS bieten kann, würde der Protokollanalysator nur für gewisse Protokolle brauchbar sein, die nicht schneller als 10 bis 20 MHz sind. Wie gesagt, dann haben wir nur eine Abtastrate mit dem Faktor 5 bis 10. Das ist gut, um Signale ohne Fehler rekonstruieren zu können, und für eine originalgetreue Wellenform der Signale auf dem Bildschirm. Aber man hat noch keinen Faktor von 10 bis 15, wie er bei manchmal bei der fehlerfreien Analyse von komplexen Protokollen mithilfe des Protokollanalysators nötig ist.

Es ist also wichtig, genau zu hinterfragen, wie die Spezifikationen des Logikanalysators im Detail aussehen, um die Frage beantworten zu können, ob er für die gedachte Aufgabe einsetzbar ist. Sie sollten sich also bei jeder digitalen Schaltung, die zur Fehlersuche vor Ihnen liegt, fragen, was auf den beiden Seiten der Münze stehen muss.

### Welche Probleme können auftreten?

#### Unterabtastung

Ist die Abtastfrequenz zu niedrig gewählt, tritt die so genannte Unterabtastung auf. Einzelne High- oder Low-Signale können quasi verschluckt werden, weil sie zwischen den Abtastungen des Logikanalysators liegen. Bei der Rekonstruktion des Signals kommt es dann zu Mehrdeutigkeiten, und das wiederherzustellende Signal kann so aus den Daten der Abtastung nicht mehr eindeutig interpretiert werden. Dies wird Alias-Effekt genannt und führt oft zu einem fehlerhaft rekonstruierten Signal. Bei einem $I^2C$-Bus lässt sich dies beispielsweise an nicht oder nicht immer richtig erkannten Adressen bemerken.

#### Überabtastung

Auf der anderen Seite führt eine viel zu hoch gewählte Abtastfrequenz zu einer Überabtastung. Diese führt zu keinem zusätzlichen Nutzen, es steigt allerdings der Rechenaufwand für die Verarbeitung, Speicherung und Übertragung der erfassten Daten und die Aufzeichnungsdauer sinkt.
Bei einem Logikanalysator mit USB 2.0 Schnittstelle ist die Abtastrate im Streaming-Mode bei etwa 100 MHz begrenzt, da die so gesammelte Datenmenge sonst die Übertragungsrate der Schnittstelle übersteigt. Bei einer Analyse im Buffer-Mode kann man dieses Problem vermeiden, allerdings führt dann die Überabtastung, durch den begrenzten Speicherplatz auf dem Logikanalysator, zu einer kurzen Aufzeichnungsdauer.

**Der optimale Überabtastungsfaktor**

In der Praxis wird, je nach Gegebenheit, ein Überabtastungsfaktor von 5 bis 10 gewählt. Damit kann man sich recht sicher sein, den Signalverlauf ausreichend genau erfasst zu haben. Diese hohe Abtastung stellt dabei das Optimum zwischen Genauigkeit und Speicherverbrauch dar. Eine Verringerung der Abtastrate sollte man nur bewusst und aus gutem Grund vornehmen, da dieser schon von einem Informationsverlust betroffen sein kann. (Insbesondere die später noch erklärte synchrone oder asynchrone Abtastung spielt hier eine entscheidende Rolle.)

**Die optimale Abtastrate für Protokollanalysatoren**

Eine ausreichend hoch gewählte Überabtastung zur genauen Abbildung der Signale ist die eine Sache, die andere Sache sind oft die Anforderungen der Protokollanalysatoren. Wenn Sie zur genaueren Analyse Protokollanalysatoren verwenden, werden Sie feststellen, dass eine Abtastrate mit dem Faktor 10 oft die unterste Grenze darstellt, damit ein Protokoll fehlerfrei entschlüsselt werden kann.

Hier kommt man gerne mal an einen Punkt, dass bei der Analyse des Protokolls eine so hohe Abtastrate gewählt werden muss, dass der zur Verfügung stehende Speicher knapp wird. Dann können Sie versuchen, mit einem Trigger den gesuchten Zeitpunkt im Protokoll so genau wie möglich einzugrenzen, in der Hoffnung, dass in dem aufgezeichneten Stream ausreichend Daten enthalten sind, um dem Fehler auf die Spur zu kommen.

Früher oder später kommt der Moment, an dem einfache Trigger nicht ausreichen, um nahe genug an den Fehler zu kommen und dann benötigt man komplexe Trigger, man sucht nach einem Bitmuster im Signal, um dem Fehler im Protokoll so nahezukommen, dass man ihn aufzeichnen und reproduzieren kann. Dann werden Sie, wegen dem komplexen Trigger, den Logikanalysator aber wahrscheinlich im Buffer- und nicht mehr im Stream-Mode verwenden müssen. Dabei steht Ihnen aber nur der Speicher im Logikanalysator zur Verfügung, der deutlich kleiner ist als das, was Ihnen im Computer bereitsteht. Sie haben so nur weniger Speicher für eine Aufzeichnung zur Verfügung. (Warum dies so ist, wird im Kapitel "Buffer- / Stream-Mode" beschrieben.)

**Die Geschwindigkeit und die Kanäle**

Die Anzahl der verwendeten Kanäle hat bei den meisten Logikanalysatoren einen Einfluss auf die maximale Abtastrate und Bandbreite, die eingestellt werden kann. Basierend auf dem internen Aufbau des Logikanalysators und seiner Spezifikation, kann dieser oft nicht die volle Bandbreite und Abtastrate auf allen Kanälen gleichzeitig bereitstellen. Daher ist es manchmal notwendig, so wenige Kanäle des Logikanalysators wie nötig zu aktivieren, um die maximale Geschwindigkeit aus dem Gerät herausholen zu können. Es gibt Ausnahmen, höherpreisige Geräte können auch bei der Nutzung aller Kanäle weiterhin die volle Bandbreite bereitstellen. Das Gros der USB-Geräte schafft dies aber nicht.

Das Datenblatt des Logikanalysators gibt immer Auskunft darüber, mit welcher Anzahl von Kanälen welche Geschwindigkeiten unterstützt werden. Überlegen Sie vor dem Kauf eines Logikanalysators welche Geschwindigkeit Sie auf wie vielen Kanälen gleichzeitig benötigen, um die in Frage kommende Schaltung untersuchen zu können.

Wenn Sie einen Logikanalysator für die hier im Buch angesprochenen Protokolle verwenden möchten, so reicht ein Gerät aus, welches nur mit den ersten vier aktivierten Kanälen seine volle Bandbreite und Abtastrate erreicht.

## 2.3 Logik-Pegel und Threshold-Voltage

### 2.3.1 Was sind Logik-Pegel?

Logische Schaltungen der Elektronik arbeiten mit zwei Zuständen der digitalen Signale, dem Low-Signal ("0") und dem High-Signal ("1"). Jeder dieser Zustände wird durch eine Spannung gegen Masse repräsentiert. Die Spannung, die ein Signal maximal haben kann, ist in der Schaltung fest definiert und wird Logik-Pegel genannt.

Die heutzutage gängigen Logik-Pegel sind 5 V, 3,3 V, 2,5 V, 1,8 V und 1,2 V.

Bei einer Schaltung mit modernem 5 V Logik-Pegel werden alle Signale zwischen 2 V und 5 V als ein High-Signal interpretiert und alle Signale zwischen 0 V und 0,8 V als Low-Signal.

Der Spannungsbereich zwischen 0,8 V und 2 V wird als ungültiger Bereich interpretiert und Signale, die in diesem Bereich liegen, gelten als *unsicher*. Wie solch ein Signal verarbeitet wird, wenn es am Eingang eines ICs anliegt, ist nicht vorhersehbar.

Die Betriebssicherheit einer Schaltung ist in diesem Fall nicht gegeben.

### 2.3.2 Was ist eine Threshold-Voltage?

Eine *threshold-voltage* ist ein Schwellwert der Spannung, ab der ein gewisser Bereich definiert ist. Bei einer Schaltung mit 5 V Logik-Pegel liegt ein Schwellwert für ein High-Signal bei 2 V und ein weiterer Schwellwert für ein Low-Signal bei 0,8 V. Bei vielen Logik-Familien ist noch eine weitere *threshold-voltage* definiert, die etwa in der Mitte des ungültigen Spannungsbereichs liegt, in diesem Fall also bei 1,5 V.

**Low-Voltage Logic Interfacing**

Falls Sie mal nicht wissen, ob die zu untersuchende Digitalschaltung mit den Logikpegeln Ihres Logikanalysators zusammenpasst: Schauen Sie mal in das MT-098 Tutorial von Analog Devices mit dem Titel "Low-Voltage Logic Interfacing". Sie können es mit jeder Suchmaschine finden. Darin können Sie alle im JEDEC-Standard definierten Logik-Pegel sehen.

### 2.3.3 Wie interpretiert ein Logikanalysator Signale?

Der Logikanalysator kennt für die an den digitalen Eingängen erfassten Signale nur die logischen Zustände High oder Low. Dabei ordnet er alle Signale unter einer eingestellten Schwelle als Low-Signal ein und alle Signale über einem gewissen Schwellwert als High-Signal. Dieser Schwellwert wird hier auch *"threshold-voltage"* genannt, funktioniert aber etwas anders als die Schwellwerte in den logischen Ebenen der Logik-Pegel. Bei einem Logikanalysator ist die *threshold-voltage* einfach ein Kipppunkt, bei dem ober- und unterhalb ein Signal einfach einem High oder Low zugeordnet wird.

Denken Sie hier noch einmal an den am Anfang des Buches angesprochenen Glitch, der durch die *threshold-voltage* des Logikanalysator als ein gültiges Signal interpretiert werden kann, aber für die Schaltung immer noch ein Glitch ist, der im ungültigen Bereich liegt.

Bei manchen Logikanalysatoren haben es sich die Entwickler des Geräts einfach gemacht, und den kleinsten gemeinsamen Nenner aller momentan üblichen Logik-Pegel gesucht. Dabei werden alle Signale unterhalb einer gewissen Schwelle, zumeist im Bereich zwischen 0,6 und 1,0 V, von dem Logikanalysator als ein Low-Signal interpretiert. Alle Signale, die oberhalb von 1,2 und 1,8 V liegen, gelten als High-Signal. Diese Logikanalysatoren funktionieren recht zuverlässig, allerdings ist solch ein Gerät nicht bei digitalen Signalen mit einem 1,8 V oder 1,2 V Logik-Pegel einsetzbar, die Erkennung der Pegel funktioniert dann nicht.

Besser sind Logikanalysatoren, deren Schwellwert sich an den eingestellten Logik-Pegel anpasst, den man untersuchen möchte. Dabei wählt man im Konfigurationsmenü der Software vordefinierte Pegel aus, oder kann manchmal sogar eigene Schwellwerte (Vth) definieren. Letzteres ist ein Trick, der bei der Fehlersuche hilfreich sein kann.

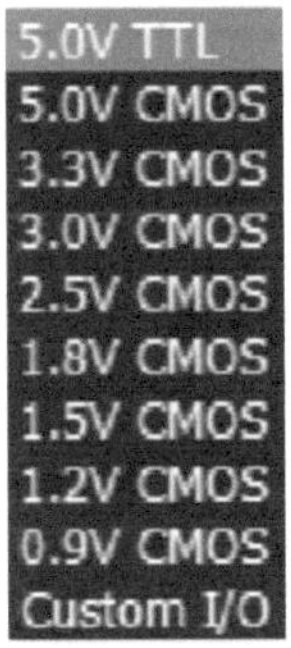


*Bild 2.2 Einstellung des Schwellwerts in einer vordefinierten Auswahl – Der letzte Punkt ermöglicht es aber einen eigenen Wert einzugeben*

Bei den so in der Auswahl vordefinierten Logik-Pegeln liegt die *threshold-voltage* meistens in der Mitte, d.h. bei einem 3,3 V Logikpegel liegt der Schwellwert bei 1,65 V. Allerdings lag bei allen USB-Logikanalysatoren, die in diesem Buch verwendet wurden, der Schwellwert immer im positiven Bereich, auch bei spannungssymmetrischen Pegeln. Beispielsweise lag bei einem ±12 V Logik-Pegel der Schwellwert des Gerätes im Bereich von 0,6 V und nicht bei 0 V.

In Bild 2.3 sind einige gängige Logik-Pegel abgebildet. Die Skizze soll einen ungefähren Überblick vermitteln.

Der grüne Bereich der Signale ist der sichere Bereich, ein Signal mit diesem Spannungswert wird sicher erkannt.

Der blaue Bereich wird eingangsseitig zumeist noch gut erkannt, wäre aber als Spannungspegel am Ausgang eines ICs nicht als sicher zu betrachten.

Der rote Bereich ist definitiv ungültig. Ein Signal mit solch einem Spannungspegel würde in der Schaltung nicht als gültig erkannt werden.

Der im roten Bereich markierte Schwellwert-Pegel eines Logikanalysators stellt den Kipppunkt dar, von dem aus ober- oder unterhalb das Signal als High oder Low interpretiert wird.

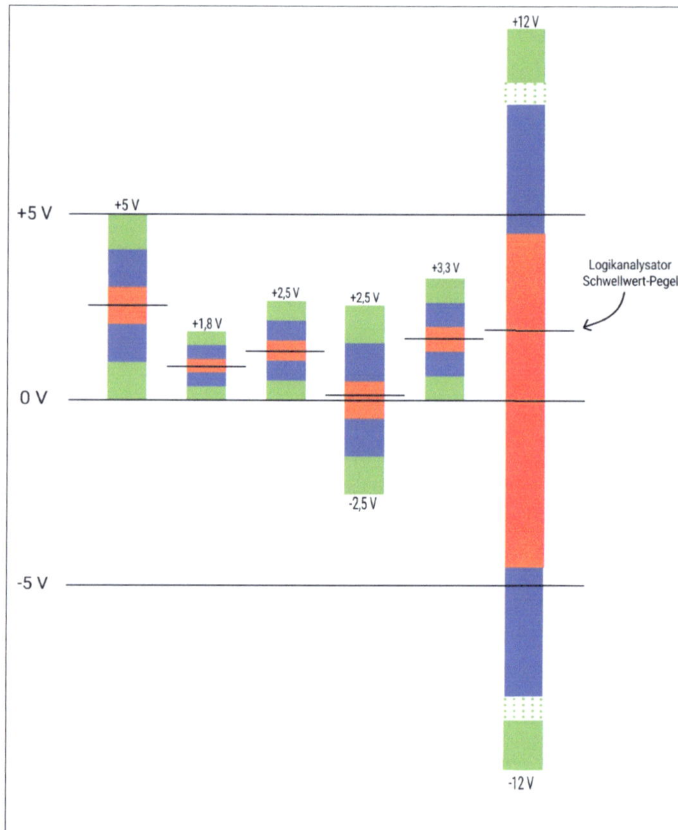


*Bild 2.3 Schwellwerte eines Logikanalysators bei verschiedenen Logik-Pegeln*

Die genauen Schwellwerte für die jeweiligen Logik-Pegel sind für die Logik-Pegel in den Normen und Standards festgelegt und jeder Logikanalysator orientiert sich daran. Bei einem Verdacht, dass irgendwas nicht richtig ist, ist ein genauer Blick in die Norm manchmal sinnvoll, um sicher zu gehen, dass der erwartete Schwellwert-Pegel auch richtig in der Software des Logikanalysators implementiert ist.

Im Normalfall erscheint einem dies unnötig, aber es ist wichtig die genauen Werte und Spezifikationen des verwendeten Logikanalysators zu kennen, wenn man digitale Signale analysieren möchte. Besonders bei Signalen, die nicht den allgemein gängigen Standards entsprechen, oder aus einer historischen Zeit stammen, als die in den Schaltungen verwendeten Spannungen noch deutlich höher waren. Mehrere Jahrzehnte alte 4000er CMOS-

Bausteine können mit Spannungen bis 18 V arbeiten. Die RS-232, RS-485 oder RS-422 Schnittstellen verwenden beispielsweise Spannungen von ±24 V. Wenn man einen sehr einfach gebauten Logikanalysator verwendet, kann es passieren, dass dieser solche Spannungen nicht verträgt oder auch falsch interpretiert. (Das sind sehr selten auftretende Probleme, in der Regel kann man sich auf die modernen Logikanalysatoren verlassen.)

Achten Sie darauf, was die Eingänge Ihres Logikanalysators maximal an Spannung vertragen. Diese sind zwar in der Regel gegen Überspannungen geschützt und die maximale Spannung, die an einem Kanal angelegt werden kann, liegt normalerweise bei mindestens ±25 V, aber zur Sicherheit sollen Sie einen Blick in die technischen Daten Ihres Logikanalysators werfen, um sicher zu gehen, dass Sie ihren Logikanalysator nicht beschädigen, wenn sie ihn anschließen. Lernen Sie Ihren Logikanalysator also erst einmal kennen.

**Die Spannungspegel der logischen Ebenen**

Bei CMOS- und TTL-Bausteinen müssen Sie auch ggf. darauf achten, dass diese ICs eine etwas höhere Ausgangsspannung liefern als eingangsseitig benötigt wird. So wird eine sichere Erkennung des High und Low-Pegels und somit die Betriebssicherheit der Schaltung sichergestellt. Aus diesem Grund gibt es auch bei jedem Logik-Pegel einen verbotenen Spannungsbereich, der nicht auftreten darf, weil digitale Signale mit diesem Wert nicht sicher erkannt werden.

**Signale im verbotenen Bereich**

Nun zu dem Trick mit der einstellbaren *"threshold-voltage"*: Was ist, wenn das digitale Signal zwar über oder unterhalb des Schwellwerts liegt, den der Logikanalysator als Kipppunkt definiert hat und so das Signal als 0 oder 1 interpretiert wird, es aber noch nicht in dem Spannungsbereich liegt, die der Eingang des ICs für eine gültige Erkennung als 0 oder 1 benötigt?

Zwischen diesen beiden Punkten liegt nämlich ein blinder Fleck. Sozusagen ein toter Winkel zwischen dem, was ein Logikanalysator und was ein IC in der Schaltung als High- oder Low-Signal interpretiert.

Falls Sie diesen Verdacht haben, ist es nicht nötig den Umweg über ein Oszilloskop zu gehen, um dort eine komplizierte Analyse der Signale vorzunehmen. Es gibt einen Trick, wie Sie mit einem Logikanalysator die Suche nach solch unsicheren digitalen Signalen stark vereinfachen können. Legen Sie den Schwellwert einmal an die obere und dann an die untere Grenze des undefinierten Bereichs, und speichern Sie die beiden Wellenformen ab. Nun vergleichen Sie diese beiden Aufzeichnungen mit der Aufzeichnung der Wellenform, in der der *threshold-level* normal definiert ist.

Wenn sich die drei Wellenformen unterscheiden, dann liegen einzelne Signale in dem ungültigen Spannungsbereich, der von der Schaltung nicht als eindeutige 0 oder 1 erkannt wird und die Betriebssicherheit der Schaltung ist nicht gegeben.

Wenn Sie also bisher einen Fehler in der Schaltung gesucht haben, der sich noch nicht fassen ließ, dann könnte diese Methode den Fehler sichtbar machen.

### 2.3.4 Test der Threshold-Voltage

Wie genau ist die *threshold-voltage*, die als Schwellwert in der Software des Logikanalysators eingestellt werden kann? Es gibt einen einfachen Test, der Ihnen nicht nur die Genauigkeit dieses eingestellten Schwellwerts verraten kann, sondern auch den Punkt, ab dem Ihr Logikanalysator ein High-Signal *sicher* erkennt. Um das Verhalten des Logikanalysators hinsichtlich der *threshold-voltage* zu testen, schließen Sie diesen an einen Signalgenerator an und tasten sich langsam an den eingestellten Schwellwert heran und darüber hinaus.

Verbinden Sie als erstes den Logikanalysator mit dem Ausgang des Signalgenerators. Dann stellen Sie ein Rechtecksignal mit einer Frequenz von 500 kHz und einer Amplitude von 1,2 V ein.

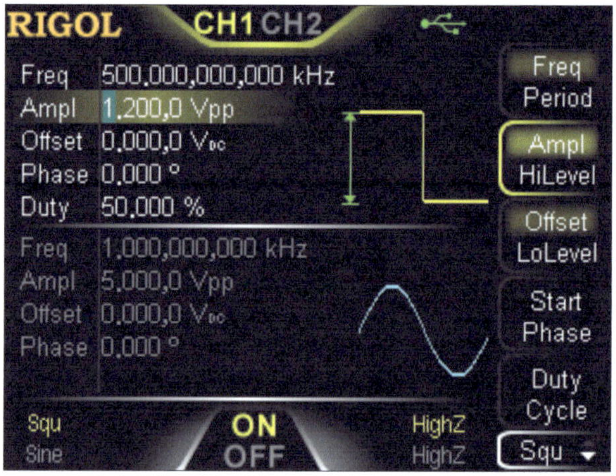


*Bild 2.4 Einstellungen des Testsignals zum Test des Schwellwerts*

Den Logikanalysator stellen Sie auf einen 2,5 V Logik-Pegel ein. In diesem Beispiel, bei einem LA1010 Logikanalysator von Kingst, hat dieser eine *threshold-voltage* von 1,25 V zur Folge.

*Bild 2.5 Logikanalysator wartet auf einen Triggerzeitpunkt während des Schwellwerttests*

Der Trigger des ersten Kanals, der an den Ausgang des Signalgenerators angeschlossen ist, wird auf eine ansteigende Signalflanke eingestellt. Sobald also das erste Rechtecksignal erkannt wird, startet die Aufzeichnung.

Starten Sie nun die Aufzeichnung. Die Software sollte nun *"Waiting for trigger ..."* anzeigen. Obwohl also schon ein Rechtecksignal anliegt, wird dieses nicht als solches erkannt. Die Erfassung hat noch nicht gestartet, weil die Spitzenspannung der Rechtecksignale bei 1,2 V liegt und somit unterhalb der *threshold-voltage* des Logikanalysators für den eingestellten Logik-Pegel.

Steigern Sie nun schrittweise die Amplitudenspannung des Rechtecksignals am Signalgenerator. Ab einer bestimmten Spannung sollte der Trigger anfangen, ein Signal zu erkennen und die Aufzeichnung startet.

Wenn Sie die aufgezeichnete Wellenform näher betrachten, werden Sie wahrscheinlich kein sauberes 500 kHz Rechtecksignal aufgezeichnet haben, weil die Amplitudenspannung des Rechtecksignals nur sehr knapp über dem Schwellwert liegt und so noch keine sichere Erfassung der Signale gewährleistet ist. Es dürften wahrscheinlich noch Aussetzer zu sehen sein, wie in dem nachfolgenden Bild.

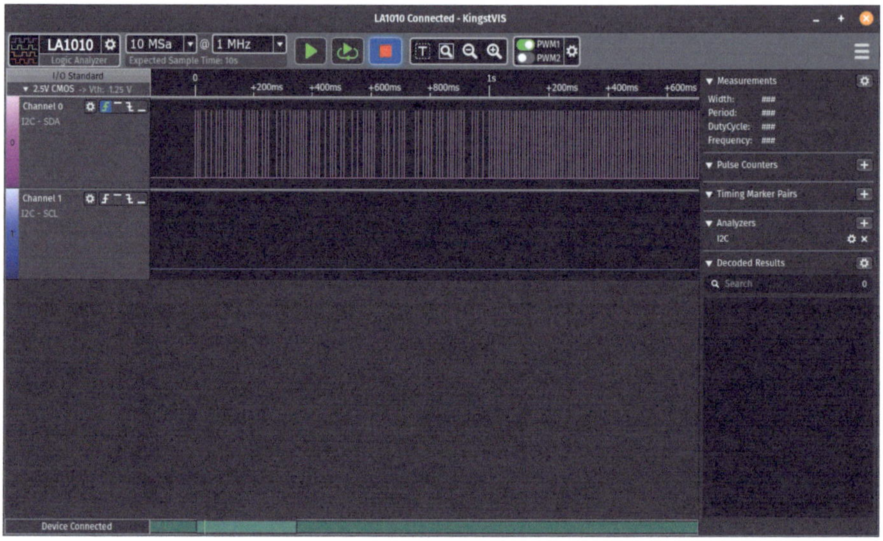


*Bild 2.6 Erfassung des Testsignals mit sichtbaren Aussetzern*

Steigern Sie nun die Spannung des Rechtecksignals weiter in 0,1 V Schritten (oder kleiner) und erfassen Sie nach jedem Schritt nochmal mit dem Logikanalysator das Signal. Ab einer gewissen Spannung wird das Rechtecksignal sicher und vollständig erfasst und der Logikanalysator zeigt Ihnen eine 500 kHz Wellenform ohne Aussetzer und Unregelmäßigkeiten an. Merken Sie sich an diesem Punkt die am Signalgenerator eingestellte Spannung.

In meinem Test lag diese Spannung bei dem von mir verwendeten Logikanalysator beispielsweise bei circa 1,35 V, erst ab dieser Spannung wurde ein Signal bei einem 2,5 V Logik-Pegel sicher als High-Signal interpretiert.

Wirft man nun einen Blick in das Datenblatt eines ICs der 2,5 V CMOS-Technik, sieht man, dass die logischen Ebenen aber andere Schwellwerte haben:

**Logik Eingangspegel 2,5 V CMOS**
Low = 0 – 0,7 V
High = 1,7 – 2,5 V

Zwischen dem Punkt, ab dem der hier verwendete Logikanalysator ein High-Signal erkennt und dem, ab wann ein IC in der Schaltung betriebssicher ein High-Signal erkennt, liegen weitere 0,35 V.

**Was lernt man daraus?**

- Die *threshold-voltage* eines Logikanalysators liegt nicht genau da, wo es die Software anzeigt.

- Die sichere Erkennung scheint meist oberhalb der *threshold-voltage* zu liegen, aber nicht unbedingt in dem gleichen Bereich, in dem die Elektronik der Schaltung ein High-Signal sicher erkennt.

- Bei jedem Logikanalysator kann man mit dem oben gezeigten Experiment überprüfen, wie sich der Logikanalysator hinsichtlich seiner *threshold-voltage* verhält. Dies kann bei der Fehlersuche eine wichtige Information sein.

Sie sehen, man muss sein Messgerät schon sehr genau kennen, um zu wissen, wo die Grenzen des Gerätes liegen und wie man diese bei einer Fehlersuche im Hinterkopf behalten muss, damit sich die Nadel - der gesuchte Fehler - nicht im toten Winkel verstecken kann.

## 2.4 Positive und Negative Logik

In der elektronischen Digitaltechnik werden einzelne digitale Signale immer durch eine elektrische Spannung dargestellt, die sich auf Masse bezieht. Es gibt aber auch andere physikalische Größen, die ein Signal repräsentieren können, beispielsweise Luft (in der Pneumatik), oder Licht (in der Optoelektronik).

Das einzelne Signal ist daher von der logischen Bedeutung zu trennen. Wenn beispielsweise ein digitales Signal, welches durch eine positive elektrische Spannung gebildet wird, auch die logische Bedeutung eines High hat, dann wird von einer *positiven Logik* gesprochen.

Hat das digitale Signal eine negàtive Spannung, wird aber logisch wie ein High behandelt, dann redet man von einer *negativen Logik*.

**Positive Logik**
1 = HIGH = H
0 = LOW = L

**Negative Logik**
0 = HIGH = H
1 = LOW = L

Die positive und negative Logik spielt in diesem Buch keine Rolle. Der Einfachheit halber wird in diesem Buch für alle Erklärungen die positive Logik verwendet. Wird im Text eine "0" erwähnt, hat diese die Bedeutung des logischen Low-Signals und eine "1" entspricht dem High-Signal.

Wie geht nun ein Logikanalysator mit einer negativen Logik um? Die Umschaltung auf negative Logik wird in der Software gelöst. Bei einigen Logikanalysatoren kann man deshalb die Darstellung die Wellenform invertieren, um sie an die negative oder positive Logik der Schaltung anzupassen. Manche Protokollanalysatoren bieten auch eine Einstellung an, um sie an eine negative oder positive Logik anzupassen, damit die Protokollentschlüsselung auch in allen Fällen funktioniert.

## 2.5 Analoge und digitale Eingänge

In dem Kapitel zu den Unterschieden zwischen einem Logikanalysator und einem Oszilloskop wurden die Unterschiede bei der digitalen und analogen Erfassung von Signalen herausgestellt. Dabei sollte deutlich gezeigt werden, dass ein Logikanalysator kein Oszilloskop ist und auch nicht als Ersatz für ein Oszilloskop dienen kann.

Nun, um den Unterschied deutlicher machen zu können, wurde in dem Kapitel einfach verschwiegen, dass es Logikanalysatoren gibt, die nicht nur digitale Kanäle besitzen, sondern auch analoge Kanäle. Bei der Erfassung von Signalen lassen sich die einzelnen Kanäle zwischen einer digitalen und einer analogen Erfassung umschalten. Die Grenze zwischen einem Logikanalysator und einem Oszilloskop hebt sich bei manchen Anwendungsfällen dadurch auf.

Bei der Verwendung von analogen Eingängen kann der Logikanalysator wie ein einfaches Oszilloskop benutzt werden. Allerdings sind die Bandbreite und der Eingangsspannungsbereich immer noch deutlich eingeschränkter als bei einem Oszilloskop. Beim analogen Eingang eines Logikanalysators beträgt der erlaubte Spannungsbereich meist 0 bis 5 V.

### Analog vs. Threshold-Level

Ist ein Eingang als digitaler Eingang konfiguriert, quantifiziert dieser das Eingangssignal anhand des schon besprochenen Threshold-Levels als eine 0 oder 1 und speichert diesen ab.

Ist der Eingang als analoger Eingang konfiguriert, wird das anliegende Signal mit einem Anlog-Digital-Converter, einem 8 oder 10-Bit ADC, quantifiziert und dann als Bitfolge kodiert im Speicher abgelegt. Je nach Auflösung des ADC steht dabei ein Teilintervall für eine minimal mögliche Spannungsauflösung.

Bei einem 10-Bit ADC beträgt so bei einem 5 V Eingangsspannungsbereich die kleinste Spannungsauflösung (5 V / 2^10 = 5 V / 1024 =) 4,88 mV.

Bei der Darstellung in der Software wird diese als Bitfolge kodierte Spannungsmessung des analogen Eingangs dann wieder als Signalverlauf dargestellt.

### Speicherbedarf

Die Verwendung eines Kanals als analoger Eingang hat also mehrere Einschränkungen und Nachteile. Zum einen ist der Spannungsbereich eingeschränkt, andererseits benötigt die Quantifizierung des Signals deutlich mehr Speicher.

Bei den meisten Logikanalysatoren, die über analoge Eingänge verfügen, werden Sie beim Umschalten des Kanals in der Software direkt eine signifikante Beschränkung der Bandbreite angezeigt bekommen.

Ein Logikanalysator mit analogen Eingängen ist also immer noch kein adäquater Ersatz für ein Oszilloskop. Aber ab und an ist die Möglichkeit, einen oder mehrere Kanäle als analoge Eingänge verwenden zu können, zu praktisch, um ignoriert zu werden.

## 2.6 Synchrone und asynchrone Abtastung

Der Logikanalysator und die zu untersuchende Schaltung müssen bei der Erfassung der Signale zusammenspielen, da eine digitale Schaltung nahezu immer mit einem Takt betrieben wird. Die Worte synchron und asynchron beziehen sich dabei auf die Abtastung des Logikanalysators in Bezug zu diesem Takt der zu untersuchenden Schaltung.

Die Bedeutung des Takts in der Schaltung ist einfach: Es sind die Zeitpunkte, an denen die digitalen Signale ihre Zustände ändern, beispielsweise wird zu diesem Zeitpunkt ein Low- zu einem High-Signal. Der Takt ist wichtig, die Betriebssicherheit einer Schaltung hängt von ihm ab. Er gibt die Gültigkeit der Signale an den Gates der (adressierten) Bausteine vor, da Signale innerhalb eines festgelegten Zeitraums dort ankommen müssen. Also ist dieser Takt auch wichtig für die Erfassung der Signale durch den Logikanalysator, da er die Signale auch zu dem Zeitpunkt abtasten und erfassen möchte, zu dem Sie auch gültig für die Bausteine sind. Zur rechten Zeit am rechten Ort, da muss nicht nur das Signal anliegen, da muss es auch abgetastet werden.

### 2.6.1 Synchrone Abtastung

Wann ist der beste Zeitpunkt, um mit einem Logikanalysator die digitalen Signale abzutasten? Logischerweise direkt mit dem Taktsignal. In diesem Fall kann der Logikanalysator zu einem einzigen richtigen Zeitpunkt die Pegel erfassen und so nicht nur mit einer deutlich niedrigeren Abtastrate arbeiten, sondern auch indirekt das Timing der Signale sichtbar machen. Bei der Darstellung der Signale kann so erkannt werden, ob ein Signal zu langsam ist, oder nicht lange genug seinen Zustand hält. Diese Setup- und Hold-Time genannten Zeitspannen beziehen sich auf den Zustand des Signals in Verhältnis zum Takt der Schaltung. Elektronik ist nicht unendlich schnell, Signale haben eine Laufzeit und können durch verschiedene Einflüsse innerhalb und außerhalb der Schaltung beeinträchtigt werden. Sehr schnelle Busse werden so auf ihre korrekte Logik untersucht. Diese funktionale Überprüfung wird *logic-state-analyse*, oder *state-analyse / state-capture*, genannt.

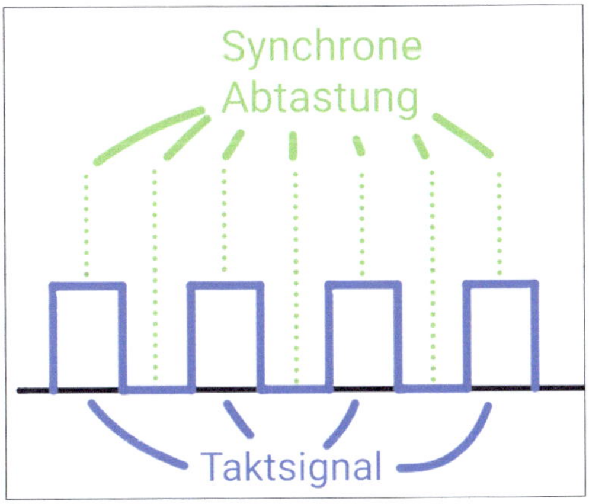


*Bild 2.7 Beispiel einer synchronen Abtastung*

**Setup-Time und Hold-Time**
Die Setup-Time bezeichnet die Zeitspanne nach dem Taktsignal, nach der ein Signal stabil einen Pegel erreicht haben muss, damit die nachfolgenden ICs in der Schaltung es erfassen können.
Die Hold-Time bezeichnet die minimale Zeitspanne, die ein Signal mit dem Pegel verharren muss. Beides ist wichtig für die Betriebssicherheit der Schaltung.

### 2.6.2 Asynchrone Abtastung

Bei der asynchronen Abtastung erfolgt die Aufzeichnung der Signale durch den Logikanalysator nicht synchron mit dem Takt der Schaltung. Der Zeitpunkt der Erfassung kann also jederzeit erfolgen, auch gerade kurz vor, oder nach dem Taktsignal.

Bei diesem Verfahren sollte die eingestellte Abtastrate so hoch wie möglich gewählt werden, mindestens vier Mal so hoch, wie die Taktrate der zu untersuchenden digitalen Signale, damit kein Signal verpasst wird.

Auf dem ersten Blick scheint diese Methode Nachteile zu haben, insbesondere hinsichtlich des Timings der Signale in Bezug auf das Taktsignal der Schaltung. Allerdings ist dies nur eine Frage der Geschwindigkeit. Denn wenn die Abtastrate des Logikanalysators extrem hoch eingestellt werden kann, bleiben einem solche Probleme auch nicht verborgen. Sie sehen gewisse Probleme der Signale dann nicht nur indirekt, wie bei der synchronen Abtastung, sondern direkt. Eine Signalform erscheint dann an der falschen Stelle im Verhältnis zum Takt. Dieses Signal ist dann ungültig und kann mit dem Logikanalysator direkt erfasst und abgebildet werden.

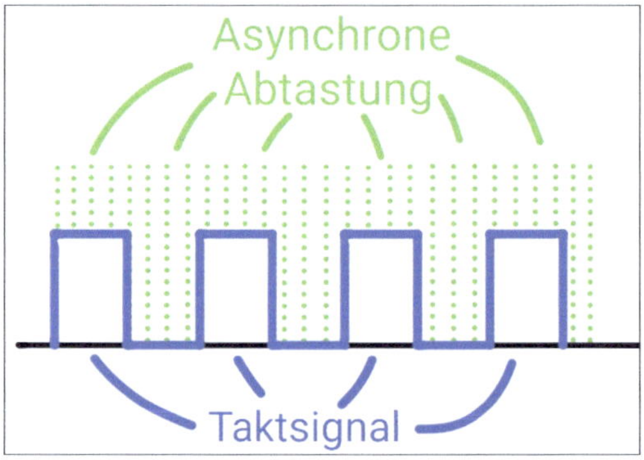


*Bild 2.8 Beispiel einer asynchronen Abtastung*

Der Vorteil solch einer Abtastmethode ist nicht nur die Sichtbarkeit von Timing-Besonderheiten und die Analyse von Signalen, die taktmäßig nicht in Verbindung stehen. Es ist so beispielsweise auch möglich, die Korrelation zwischen Signalen in zwei getrennten Bussen zu sehen, die nicht mit einem Taktsignal in Verbindung stehen, aber trotzdem eine Abhängigkeit zueinander haben – sozusagen ein Henne-Ei-Problem.

Diese Art der Überprüfung wird *logic-timing-analyse*, oder nur *timing-analyse*, genannt.

### 2.6.3 Wann nutzt man die synchrone oder asynchrone Abtastung?

Fassen wir zusammen:

- Bei der synchronen Abtastung wird das Taktsignal der zu untersuchenden Schaltung genutzt. Da dabei eine Erfassung der Signale an den Eingängen durch das Taktsignal der Schaltung ausgelöst wird, wird zu jedem Taktzeitpunkt eine Abtastung vorgenommen und der Zustand der Signale gespeichert. So kann später eine Analyse hinsichtlich der Sequenzen und logischen Funktionsweise der Schaltung durchgeführt werden.

- Bei der asynchronen Erfassung der Signale wird der Zustand der Signale unabhängig vom Takt der Schaltung erfasst. Die Abtastrate des Logikanalysators gibt dabei die Zeitpunkte der Erfassung vor. Dadurch kann eine Untersuchung der digitalen Signale unabhängig vom Takt der Schaltung erfolgen. Diese Methode ist besonders geeignet, das Timing der Signale zu analysieren.

**Takteingang**
Manche Logikanalysatoren haben einen Takteingang, um für die synchrone Abtastung mit der Schaltung gekoppelt zu werden. Dies hält einen Kanal frei, der sonst für das Triggern eines Taktsignals geopfert werden müsste.

## 2.7 Buffer- und Stream-Modus

Die Logikanalysatoren, die über eine USB-Schnittstelle mit dem PC oder Mac verbunden werden, sind durch diesen Anschluss sehr flexibel und leistungsfähig. Durch die Software kann die Rechenleistung und der Speicher des Computers für den über die USB-Schnittstelle angeschlossenen Logikanalysators genutzt werden. Der Logikanalysator ist nur ein Frontend, eine spezielle Eingangsschaltung, für die Signale. Die Arbeit verrichtet der Computer.

Allerdings bringt diese USB-Schnittstelle auch einen gravierenden Nachteil mit sich: Die Ubertragungsrate ist begrenzt. Zwar hat man versucht mit speziellen Verfahren, beispielsweise durch die Lauflängenkodierung (RLE / "Run-Length-Encoding"), bei speziellen Signalmustern diese Begrenzung zu umgehen, aber solche Verfahren sind nicht generell einsetzbar.

Auch steigt die Geschwindigkeit der Schaltungen schneller an, als sich die USB-Schnittstelle bei den Benutzern am heimischen PC oder MAC aktualisiert. Eine flächendeckende Verbreitung der USB 3.x Schnittstelle hat erst in den letzten Jahren stattgefunden, die USB 2.0 Schnittstelle wird aber immer noch als zu erwartender Standard angesehen.

Das Problem ist nun eine USB 2.0 Schnittstelle mit einer Geschwindigkeit von 480 Mbit/s und der dazugehörigen Latenz. Dies technische Beschränkung führt dazu, dass Logikanalysatoren mit dieser Schnittstelle nur für Schaltungen bis 100 MHz eingesetzt werden können.

Wenn nun die Aufzeichnung sehr schnelle Signale jenseits der 100 MHz – mit der dazugehörenden hohen Abtastrate – stattfinden soll, kann die Übertragung über die USB-Schnittstelle einfach zu langsam sein. Einige Logikanalysatoren verwenden aus diesem Grund einen Speicher auf dem Gerät, um die gesammelten Daten erst sehr schnell zu erfassen und übertragen diese dann, über die im Vergleich langsamere Schnittstelle, zum Computer.

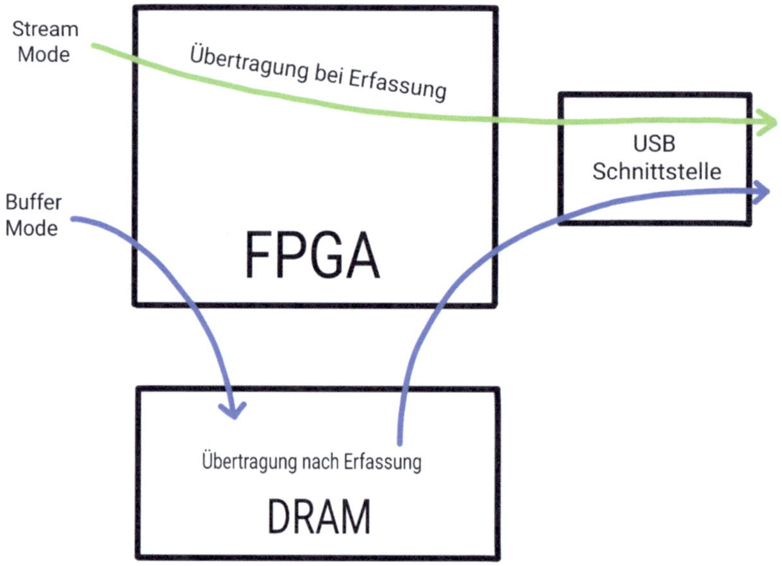


*Bild 2.9 Prinzip des Buffer und Stream-Mode eines Logikanalysators*

Diese beiden Arbeitsweisen bei der Übertragung der Daten werden Buffer- und Stream-Mode genannt.

### 2.7.1 Buffer-Mode

Beim Buffer-Mode werden die Kanäle abgetastet und die logischen Zustände der Eingänge werden auf dem Logikanalysator in einem schnellen Speicher abgelegt. In einem zweiten Schritt werden diese gesammelten Daten dann über die USB-Schnittstelle an die Software des Computers übergeben, mit der die Visualisierung und weitere Analyse stattfindet. Die Abtastung der Kanäle kann bei dieser Arbeitsweise sehr hoch sein, da der interne Speicher sehr schnell angebunden ist. Der begrenzende Faktor ist hierbei aber die Größe des Pufferspeichers auf dem Gerät. Dieser schnelle On-Board-Speicher ist deutlich kleiner als der im Computer zur Verfügung stehende Speicher.

**Prinzip-Beispiel**

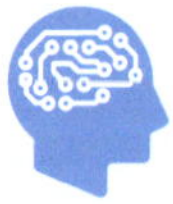

Die Lauflängenkodierung ermöglicht es, sich nicht zu oft ändernde Signale Platzsparend abzuspeichern.
Da die Zustände der Signale an den digitalen Eingängen der Kanäle als ein High oder Low erfasst werden, ist es naheliegend, die einzelne Speicherzelle wird einfach mit einer 0 oder 1 beschrieben.

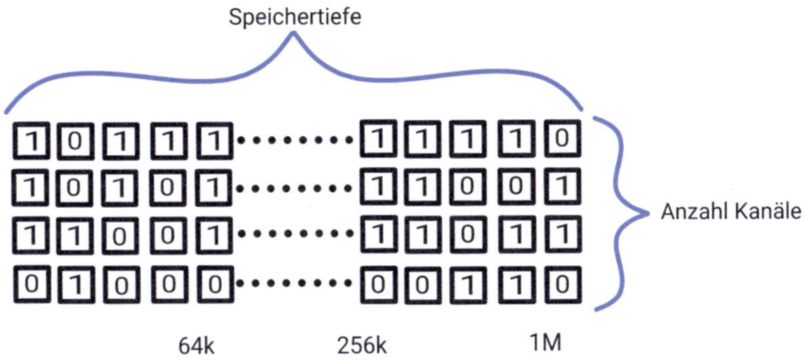


*Bild 2.10 Belegung einzelner Speicherzelle mit binären Werten*

Mit einer eingeschalteten RLE-Kompression verlängert sich die mögliche Aufzeichnungsdauer, da lange fortlaufende Signal-Pegel nicht mehr bei jeder Abtastung mit ihrem Zustand gespeichert werden, sondern nur noch zum Zeitpunkt der Zustandsänderung eine Speicherung stattfindet.
Statt also eine Sequenz mit dem Muster 0000000000001111 in die Speicherzellen abzuspeichern, wird die Information 12 und 4 gespeichert. Der zu den Zahlen gehörende Logik-Pegel muss der verarbeitenden Software dabei bekannt sein, oder mit abgespeichert werden.
Dies sieht bei diesem einfachen Beispiel nicht nach viel Platzeinsparung aus, aber überlegen Sie mal, wie viele Millionen Mal ein Logikanalysator ein langsames Signal abtasten kann, bevor eine Pegeländerung stattfindet. Das sind eine Menge 0en und 1en, die die Speicherzellen belegen.

Allerdings ist dies nur eine Beispiel-Rechnung, um das Prinzip zu verdeutlichen. Wie die Firmware des Logikanalysators die Speicherung der Werte organisiert, welche Kompressionsverfahren angewendet werden, wie viel des Pufferspeichers den Daten letztendlich zur Verfügung steht, ist bei jedem Logikanalysator anders und kann manchmal aus dem Datenblatt ermittelt werden. Nicht jeder Hersteller ist transparent mit diesen Angaben. Letztendlich zeigt einem die Software des Logikanalysators aber immer an, wie viel Aufzeichnungsdauer der interne Pufferspeicher bei den gewählten Einstellungen bereitstellt.

### 2.7.2 Stream-Mode

Beim Stream-Mode werden die Daten über die USB-Schnittstelle direkt nach der Erfassung an die Software übermittelt. Dies erlaubt eine Echtzeitdarstellung der digitalen Signale in der Software. Durch die begrenzte Bandbreite der USB-Schnittstelle ist allerdings nur eine niedrigere Abtastrate möglich.

Die Aufzeichnungsdauer hängt im Stream-Mode von der Größe des zur Verfügung stehenden Hauptspeichers des PC ab, auf dem die Software läuft. Bei einem 64-Bit Betriebssystem kann die maximale Größe des bereitgestellten Pufferspeichers 16 GBit betragen. Es besteht aber oft die Möglichkeit, die Aufzeichnung in einen so genannten Ringpuffer schreiben zu lassen. Dabei wird ein Teil des Arbeitsspeichers nach dem FIFO-Prinzip mit den erfassten Signalzuständen beschrieben. Ist der Speicher voll, werden die ältesten Daten verworfen und die neuen Daten aufgenommen. So verfügt man immer über den aktuellen Zeitraum und beim Auslösen des Triggers kann dieser dann analysiert werden.

### 2.7.3 Vor- und Nachteile

Was sind die Vor- und Nachteile? Der Buffer-Mode erlaubt eine höhere Bandbreite und damit Abtastrate. Allerdings muss sich der Trigger-Event innerhalb des aufgezeichneten Puffers befinden. Die Größe dieses Puffers ist abhängig von der Größe des Pufferspeichers und dieser wird umso schneller voll, je höher die Abtastrate ist. Je schneller er voll wird, desto kleiner ist der Zeitraum, der aufgezeichnet werden kann, was wiederum die Chance verringert, das Vorkommnis zu erfassen, um das es bei der Analyse der digitalen Signale eigentlich geht.

Ist man in der Lage die Signale in Echtzeit zu beobachten, kann man den Logikanalysator so lange mitlaufen lassen, bis das gesuchte Vorkommnis stattfindet und den Trigger auslöst. Danach steht der im Ringpuffer aufgezeichnete Zeitraum für die weitere Analyse bereit.

**Bandbreite der beiden Betriebsarten**

Bei dem Logikanalysator DSLogic Plus, der eine USB 2.0 Schnittstelle aufweist, sehen die unterstützten Geschwindigkeiten laut Datenblatt dann so aus:

| | **Buffer-Mode** | **Stream-Mode** |
|---|---|---|
| **400 MHz** | 4 Kanäle | — |
| **200 MHz** | 8 Kanäle | — |
| **100 MHz** | 16 Kanäle | 3 Kanäle |
| **50 MHz** | — | 6 Kanäle |
| **25 MHz** | — | 12 Kanäle |
| **20 MHz** | — | 16 Kanäle |

Diese Werte zur maximal möglichen Bandbreite, bei der Anzahl eingesetzter Kanäle, werden von jedem Hersteller für seine(n) Logikanalysator(en) angegeben und sind in den technischen Daten zu finden.

**Die USB-Schnittstellengeschwindigkeit**

Falls der Rechner, an dem Sie ihren Logikanalysator verwenden möchten, über eine USB 3.0 Schnittstelle verfügt, kann der Stream-Mode des Logikanalysators zehnmal schneller sein als bei einer USB 2.0 Schnittstelle. Möglicherweise ist dies ein wichtiges Kriterium für Ihren gewünschten Einsatzzweck. Bei einer nötigen Bandbreite über 100 MHz steht Ihnen dann bei einem Gerät mit einer USB 2.0 Schnittstelle nur der Buffer-Mode zur Verfügung. Aber nicht jeder Logikanalysator verfügt über einen Buffer-Mode! Viele Geräte können nur im Stream-Mode arbeiten und dann ist die maximale Bandbreite, für die dieses Gerät eingesetzt werden kann, durch die USB-Schnittstelle begrenzt.

## 2.8 USB-Anschluss

Die vom Logikanalysator erfassen Daten werden über ein USB-Kabel zu Ihrem PC oder Mac übertragen, um von der Software aufbereitet und dargestellt zu werden. Der vom Logikanalysator verwendete USB-Anschluss hat dabei einen Einfluss auf die maximal mögliche Übertragungsgeschwindigkeit des Logikanalysators zu Ihrem Computer. Je schneller diese ist, desto mehr Daten können in einem gegebenen Zeitraum übertragen werden. Als Folge davon ist die maximale Bandbreite des Logikanalysators, im Stream-Mode, direkt davon abhängig.

**Zukunftssicherheit**

Sie fragen sich jetzt sicher, was so spannend an einem USB-Anschluss sein soll, dass dieser hier extra erwähnt wird. Sicher, der USB-Anschluss spielt nur eine untergeordnete Rolle, wenn es um die Auswahl eines Logikanalysators geht. Allerdings ergibt sich eine Zukunftssicherheit daraus, die möglicherweise irgendwann einmal zum Tragen kommt: Die Software der USB-Logikanalysatoren wird fortlaufend weiterentwickelt. Manchmal bietet einem die Software von Anfang an auch nicht die volle Möglichkeit, die die Hardware des Logikanalysators hergeben könnte, weil der Hersteller für diese Funktionen eine längere Entwicklungszeit benötigt und so das Gerät schon auf dem Markt bringen kann.

In anderen Fällen hat in der Vergangenheit beispielsweise die Open-Source-Software Sigrok Funktionen für Geräte bereitgestellt, die vom Hersteller nicht unterstützt waren.

Einige Logikanalysatoren sind nun schon mit einer USB 3.0 Schnittstelle erhältlich, beispielsweise die DSLogic U3Pro Modelle von DreamSourceLab, die im Stream-Mode mit einer Sample-Rate von bis zu 500 MHz arbeiten.

Sollten Sie bei der Auswahl eines Logikanalysators vor der Wahl stehen, zwischen einem Gerät mit USB 2.0 und USB 3.x Schnittstelle zu entscheiden, dann entscheiden Sie sich im Zweifel für das Gerät mit der schnelleren Schnittstelle.

*Bild 2.11 Die verschiedenen USB-Anschlüsse einiger Logikanalysatoren*

## 2.9 Einfache und komplexe Trigger

Trigger lösen eine Erfassung der Signale aus. Sie sind ein elementarer Bestandteil der Bediensoftware. Sie kennen Trigger sicher vom Oszilloskop. Einfache Trigger reagieren auf eine Änderung der Flanke, oder auf deinem Logik-Pegel. Die Software mancher Logikanalysatoren erlaubt aber auch den Einsatz von so genannten komplexen Triggern. Diese komplexen Trigger bieten die Möglichkeit selbst definierte Bitfolgen zur Auslösung der Aufzeichnung zu nutzen und nicht nur eine Pegeländerung auf einem der angeschlossenen Kanäle.

Bei den meisten Logikanalysatoren mit USB-Anschluss sind diese komplexen Trigger nur nutzbar, wenn der Logikanalysator über ausreichend internen Speicherplatz verfügt, um im Buffer-Mode arbeiten zu können. Der Umweg über die Schnittstelle zum Computer, der dortigen Erkennung des Bitmusters von der Software und dann den Rückweg zum Logikanalysator, um die Aufzeichnung zu starten ist zu langsam, um im Stream-Modus zu funktionieren.

Bis dies alles einmal hin und her gegangen ist, würde vom Zeitpunt der Auslösung des Triggers, bis zur Aufzeichnung des Datenstroms so viel Zeit vergehen, dass eine deutliche Lücke zwischen diesen beiden Zeitpunkten entstanden wäre.

Der Nachteil von komplexen Triggern ist auch, dass man bei der Anwendung dieser eigentlich schon weiß, wonach man sucht. Meist tappt man aber bei der initialen Fehlersuche deutlich mehr im Dunkeln, um schon die exakten Triggerzeitpunkte zu kennen, bei denen der Fehler auftritt.

*"Bei"* ist hier das richtige Stichwort. Der beste Triggerzeitpunkt kann auch erst nach dem Auftreten des Fehlers stattfinden. In dem Fall benötigt man einen Vorlauf-Puffer, um im aufgezeichneten Datenstrom auch das zu erfassen, was schon passiert war und um somit den Fehler nachträglich einzufangen. Dieses Feature bietet meist nur die auf dem Computer laufende Software des Logikanalysators an, wenn dieser im Stream-Modus läuft, d.h. nur in Verbindung mit einfachen Triggern.

**Das Wort "komplex"**

Der Begriff "komplexe Trigger" wird von Herstellern recht frei interpretiert. Sie sollten sich unbedingt das Datenblatt, oder die zum Logikanalysator gehörende Software, in dieser Hinsicht genau anschauen.

Dabei gibt es viele Arten von komplexen Triggern. Was also meint der Hersteller bei seiner Software genau damit? Ein paar Beispiele:

- Logikmuster: spezielle Bitmuster
- Bereichstrigger: Signale die in einem Bereich zwischen High und Low liegen
- Zähler: ein gewisses Muster erscheint wiederholt
- Glitch: ein unvorhergesehenes Signal, das zwischen regelmäßigen Signalen erscheint

Was gibt die Software her? Gibt es komplexe Trigger oder nur einfach Trigger, die auf eine Pegeländerung reagieren? Gibt es am Gerät einen eigenen Eingang und Ausgang für ein Triggersignal? Kann dieser Eingang im Verbund mit selbst definierten Bitmustern für den Trigger verwendet werden? Denn damit kann man später einmal, wenn ein in der Software des Logikanalysators definierter Trigger nicht mehr weiterhilft, mit von außen initiierten Zeitpunkten eine gezielte Aufzeichnung des Datenstroms vorgenommen werden.

Die Fantasie setzt bei der Verwendung von komplexen Triggern keine Grenze. Wenn man vor einer Schaltung sitzt, in der man seit Tagen nach einem Fehler sucht, fallen einem die komplexesten Analysemethoden ein, um dem Fehler auf die Spur zu kommen. Aber was einem die Software des Logikanalysators in der Hinsicht bieten kann, kommt diesen Wünschen oft nicht hinterher. Was die Hersteller bei den komplexen Triggern in der Software implementieren, sollte schon brauchbar sein und nicht nur dem Marketing dienen. Achten Sie bei der Auswahl Ihres Logikanalysators genau darauf, ob das was Sie da bekommen für Ihre Zwecke ausreicht.

## 2.10 Checkliste für die Auswahl eines Logikanalysators

Die Auswahl eines Logikanalysators ist nicht einfach. Sie haben nun schon viel über die wichtigsten Spezifikationen, der Aufbau und die Arbeitsweise von Logikanalysatoren gelernt. Natürlich hängt auch viel davon ab, welche Art Schaltungen und welche Protokolle Sie damit analysieren möchte. Nur führt die Herangehensweise "Je mehr, desto besser" nicht immer zum bestmöglichen Gerät. Die Anforderungen an den Logikanalysator, beeinflusst durch die Ausstattung der eigenen Werkstatt und die Merkmale der zu untersuchenden Schaltungen, führt zu unterschiedlichen Entscheidungen bei der Auswahl des am besten geeigneten Gerätes.

Nehmen Sie sich einen Zettel und einen Stift, möglicherweise arbeiten Sie auch schon digital und möchten eine Tabellenkalkulation dafür verwenden, und notieren Sie sich die nötigen Spezifikationen Ihres Logikanalysators. Unterteilen Sie dabei zwischen zwingend notwendigen und nur möglicherweise nötigen Ausstattungsmerkmalen.

Wir haben Kriterien wie Bandbreite, Sample-Rate, Logik-Pegel und dergleichen schon angesprochen. Gehen wir diese Überlegungen noch einmal durch, um den für die eigenen Bedürfnisse am besten geeigneten Logikanalysator zu finden:

### 2.10.1 Eine Checkliste für die eigenen Anforderungen

1. Die Bandbreite und der Eingangsspannungsbereich gehören zu den wichtigsten Merkmalen eines Logikanalysators. Wie hoch ist im Normalfall die Taktfrequenz der zu untersuchenden Schaltung? Welche Abtastrate und Bandbreite benötigt der Logikanalysator? Wie groß ist der Spannungsbereich?

2. Mit welchen Logik-Pegeln arbeiten Sie? Sollten die Logik-Pegel durch feste Schwellwerte definiert, oder frei einstellbar sein? Was sind die niedrigsten und was die maximalen Pegel, mit denen Sie arbeiten werden?

3. Bis zu welcher Spannung kann der Trigger des in Frage kommenden Logikanalysators eingestellt werden? Das ist oft eine Stolperfalle! Viele Logikanalysatoren haben einen größeren Eingangsspannungsbereich als Triggerbereich.

4. Der Anschluss eines Tastkopfes bleibt nie ohne Auswirkung auf die Schaltung. Wie stark wird die Schaltung unter Test belastet? Wie viel pF hat der Tastkopf? Ein 10 pF Kondensator hat 150 Ω bei 100 MHz. Viele FPGAs und Mikroprozessoren können aber nicht mehr als ein paar µA oder mA an ihren Ausgängen treiben, sonst kommt es zu einem Spannungszusammenbruch und die Signale werden verfälscht. Achten Sie auf einen möglichst geringen pF-Wert. Mehr können Sie an dieser Stelle nicht tun.

5. Besitzt der Logikanalysator einen Überspannungsschutz? Eine Schaltung mit Fehlfunktion kann unliebsame Überraschungen bereithalten. (Im Zweifel verwenden Sie für die erste Analyse lieber einen günstigen oder robusten Logikanalysator, um kein Risiko einzugehen.)

6. Wie viel Bit hat der AD-Wandler? Je mehr, desto genauer.

7. Wird der Logikanalysator via USB 2.0 oder USB 3.0 angeschlossen? Denken Sie an die Zukunftssicherheit und die Auswirkungen einer schnellen Schnittstelle auf die Leistungsdaten des Logikanalysators.

8. Auf welchen Betriebssystemen läuft die Software? Linux, Mac und Windows sind schon fast der Standard bei den unterstützten Betriebssystemen der zum Logikanalysator gehörenden Software. Aber was ist mit einem Desktop-System mit ARM-Prozessor, beispielsweise einem Raspberry Pi, das Sie möglicherweise verwenden möchten?

Viele dieser Informationen sind auf der Webseite des Herstellers oder im Datenblatt zu finden. Mit den schon angesprochenen Fragen können Sie eine Vorauswahl bei den in Frage kommenden Geräten treffen. Es gibt aber noch ein paar weitere Kriterien, die wichtig sein könnten. Diese sind oft schwieriger herauszufinden. Falls die Webseite des Herstellers, oder das Datenblatt dazu keine Auskunft geben, kann einem oft die Software des Logikanalysators direkt weiterhelfen. Meist kann diese einzeln heruntergeladen und im Demo-Modus ausprobiert werden, so haben Sie dann die Möglichkeit, folgende Punkte in Erfahrung zu bringen:

9. Gibt es komplexe Trigger? Oder sogar Bitmuster/Pattern-Trigger? Oder kann nur auf Flanken und Zustände getriggert werden?

10. Besitzt der Logikanalysator einen Ein- und Ausgang für ein Takt-Signal (Clock)?

11. Welche Protokolle werden unterstützt? Kann die Software auch Protokollanalysatoren stapeln? Können eigene Protokollanalysatoren definiert und als Plugin eingebunden werden?

12. Besitzt der Logikanalysator PWM-Ausgänge? Ein PWM-Ausgang ist vielfältig einsetzbar, kann am Logikanalysator zum Selbsttest verwendet werden, aber auch als Taktgeber (Clock) bei Schaltungen, die untersucht werden. Falls Sie keinen Signalgenerator besitzen oder verwenden können, kann solch ein PWM-Ausgang am Logikanalysator sehr praktisch sein.

13. Verwendet der Logikanalysator geschirmte Kabel für die Tastköpfe? Das ist eine Qualitätsfrage und wichtig für die Integrität der Erfassung sehr schneller Signale.

### 2.10.2 Was ist wirklich wichtig?

Die Auswahlkriterien, die unter den Punkten 1 bis 8 aufgelistet werden, gehören zu den grundlegenden Überlegungen bei der Auswahl eines Logikanalysators.

Die weiteren aufgeführten Punkte gehören zu den fortgeschrittenen Kriterien, die für einen Anfänger noch nicht wirklich wichtig sind. Die Wahrscheinlichkeit, dass der Erfolg bei der Suche nach einem Fehler von diesen Punkten abhängt, ist selten gegeben.

Oft gehören die letzten Punkte auch zu der berühmten Preisfrage: Was sind Sie überhaupt bereit, für einen Logikanalysator auszugeben, um solch ein Feature zu bekommen?

Es gibt kein perfektes Gerät am Markt und bei der Auswahl muss man ggf. auf das ein oder andere Ausstattungsmerkmal verzichten. Aber wenn Sie vorher die unbedingt zu erfüllenden Kriterien herausarbeiten und sich bei den restlichen Merkmalen einfach leiten lassen, finden Sie schon das am besten geeignete Gerät.

Über die Jahre habe ich mehrere Logikanalysatoren in meiner Werkstatt verwendet. Einige habe ich im Rahmen dieses Buches verwendet, andere möchte ich hier nur vorstellen, um Ihnen einen Eindruck der Möglichkeiten zu geben, die diese Geräte bieten.

### 2.10.3 Reine Logikanalysatoren

**8-Kanal/24 MHz Logic Analyzer**

Unter dieser Bezeichnung ist der als Massenprodukt in China hergestellte Klon eines früheren Saleae-Gerätes bei allen gängigen Versandhändlern für rund 10,–€ zu finden. Zusammen mit der Software Sigrok, die als Open-Source-Software frei im Internet erhältlich ist, bekommt man so für kleines Geld einen voll funktionsfähigen und gut ausgestatteten Logikanalysator. Für einen Anfänger, der wenig Geld investieren möchte und nur gelegentlich ein Protokoll analysieren möchte, ist dies das richtige Gerät für die ersten Schritte. Falls mal was schief geht und der Logikanalysator durch eine Überspannung oder ein sonstiges Missgeschick kaputt geht, ist nicht viel verloren.

Gut geeignet ist dieser auch als Zweitgerät oder für zweifelhafte Situationen und Schaltungen, bei denen man nicht sofort seinen "guten" Logikanalysator riskieren möchte.

**Saleae Logic 8**
Die Logikanalysatoren von Saleae sind sehr gut funktionierende Geräte. Die Software ist aufgeräumt und unterstützt in der neuen Version nun auch die WS28xx-Protokolle. Wenn Sie ein Apple-User sind, finden Sie sich mit dem Look-and-Feel dieser Geräte schnell zurecht. Das Motto "*It just works*" wird diesen Logikanalysatoren und der Software gerecht. Es sind allerdings nicht die günstigsten Geräte auf dem Markt.

**DSLogic Pro**
Die Geräte der DSLogic-Serie von DreamSourceLab sind vor einigen Jahren auf Kickstarter entstanden. Bei der Entwicklung dieser Logikanalysatoren sind eine Menge guter Ideen der Community eingeflossen, beispielsweise die geschirmten Tastköpfe und jeweils ein Ein- und Ausgang für den Trigger. Falls Sie Ihren Logikanalysator mit anderen Messgeräten synchronisieren möchten, kann dieser Trigger-Anschluss wichtig für die Auswahl sein.

Die Software ist Open-Source und wird ständig weiterentwickelt und aktuell gehalten. Eine große Anzahl von Protokollanalysatoren ist in der Software enthalten. Wenn eine komplexe Protokollanalyse ansteht, greife ich meist zu diesem Gerät.

In Kombination – Ausstattungsmerkmale, Software und Preis – halte ich dieses Gerät für den richtigen Logikanalysator für einen ambitionierten Elektroniker.

**Kingst LA1010**
Die Logikanalysatoren von Kingst Electronics sind in mehreren Modellen mit einer großen Bandbreite an Ausstattungsmerkmalen zu bekommen. Besonders haben mir die beiden PWM-Ausgänge gefallen, über die alle Geräte des Herstellers verfügen. Je nachdem, welcher Anwendungsfall gegeben ist und wie die sonstige Ausstattung Ihres Messplatzes aussieht, können diese PWM-Ausgänge unglaublich praktisch für die Fehlersuche sein.

Die Software, die problemlos unter allen Betriebssystemen läuft, lässt sich im Demo-Modus ausprobieren. Dieser Logikanalysator ist für alle normalen Fälle der Fehlersuche, wenn keine komplexe Protokollanalyse gefordert ist, mein Lieblingsgerät.

### 2.10.4 Mixed-Signal Geräte

**Rigol MSO 1074z**
Diese sehr beliebten Geräte von Rigol besitzen einen 16-Kanal Logikanalysator. Dieser funktioniert, für diese Preisklasse, recht gut und ist in Verbindung mit den analogen Eingängen des Oszilloskops für die kombinierte Analyse digitaler und analoger Signale geeignet. In die gleiche Klasse fallen beispielsweise die Geräte von Siglent.

Hat man aber einen Computer neben dem Messplatz stehen, und kann so das digitale Signal untersucht werden, ohne die analoge Domäne zu berücksichtigen, dann ist der Einsatz eines USB-Logikanalysators bedienerfreundlicher und meist leistungsfähiger als die im Oszilloskop integrierte Lösung.

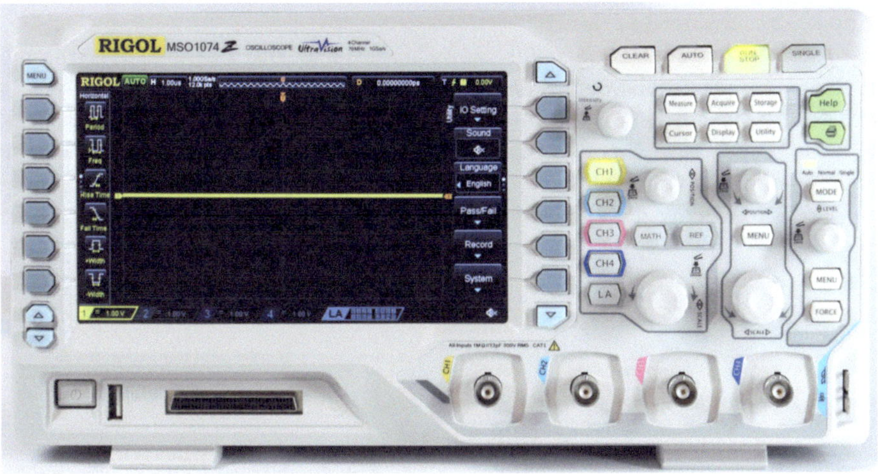


*Bild 2.12 Rigol MSO1074z mit LA-Anschlussleiste*

**PicoScope MSO2208b**

Dies ist, meiner Meinung nach, die beste Kombination von Oszilloskop, Logikanalysator und Signalgenerator in einem Gerät. Wer wenig Platz in seiner Werkstatt hat, alles in einem Gehäuse haben und die vielfältigen Möglichkeiten der Software an einem großen, übersichtlichen und gut bedienbaren Computer-Bildschirm nutzen möchte, ist mit den MSOs von Pico Technology sehr gut bedient. Als mobiler Messplatz, in Verbindung mit einem Laptop, ist dies eine flexible und sehr leistungsstarke Lösung.

Die Synthese dieser drei Geräte, in Verbindung mit der extrem leistungsfähigen Software, die auch komplexe Funktionen wie Filter und eine Vielzahl von Mathefunktionen unterstützt, ist sehr gelungen. Mit diesem Gerät kann man in einem so genannten Multi-Domain-Debugging Fehler finden, die einem mit anderen Geräten verborgen bleiben. Die Kombination macht es manchmal aus.

*Bild 2.13 Anschlussseite eines PicoScope MSO*

**Welches Gerät ist nun das Beste?**
Für die Auswahl des eigenen Logikanalysators kommt also eine Anzahl von Geräten in Betracht, die alle Ausstattungsmerkmale und Möglichkeiten bieten, die sie für den eigenen Messplatz attraktiv machen. Die von mir aufgelisteten, und in diesem Buch verwendeten Logikanalysatoren, geben Ihnen einen guten Querschnitt der auf dem Markt erhältlichen Geräte und deren Leistungsfähigkeit. Auch wenn sich die einzelnen Geräte im Lauf der Zeit weiterentwickeln werden, die Auswahlkriterien werden ähnlich bleiben.

Jeder hier im Buch verwendete Logikanalysator hat seine Aufgabe gut gemacht und konnte alles leisten, was im Rahmen der hier im Buch geforderten Protokollanalysen gefordert war.

**Heute hui, morgen pfui!**
Messgeräte veralten leider schnell. Ein heute absolut attraktives Gerät wird in zwei bis drei Jahren mit hoher Wahrscheinlichkeit nur noch im Mittelfeld liegen. In 5 Jahren wird es mit Sicherheit schon veraltet sein. Investieren Sie nur so viel wie nötig in ein Messgerät.

### 2.10.5 Die Qual der Wahl

Sie möchten sicher einen konkreten Vorschlag hören, welcher Logikanalysator nun der Beste ist und mit dessen Kauf Sie auf der sicheren Seite sind. Jede Werkstatt arbeitet ein bisschen anders und jeder Mensch hat eine eigene Vorgehensweise. Aus diesem Grund ist eine Empfehlung schwierig, aber wenn Sie ungefähr die Protokolle verwenden, wie sie auch in diesem Buch behandelt werden und auch Ihre eingesetzte Hardware im Bereich eines Arduino bis Raspberry Pi liegt ...

... wenn sie sich unsicher sind und einen Logikanalysator erst einmal ausprobieren möchten, fangen Sie kostengünstig an. Später können Sie immer noch ein leistungsfähigeres Gerät anschaffen und den ersten einfachen Logikanalysator für zweifelhafte Messsituationen verwenden. In diesem Fall empfehle ich den "8 Kanal/24 MHz" Logikanalysator wie er von vielen Herstellern angeboten wird und bei allen gängigen Online-Versendern für kleines Geld zu haben ist.

... wenn Sie einen leistungsfähigen, gut bedienbaren Logikanalysator verwenden möchten, mit einen Trigger Ein- und Ausgang, der ein gutes Preis-/Leistungsverhältnis aufweist, dann ist ein Gerät der DSLogic Pro Serie von DreamSourceLab eine gute Wahl. Dieser Hersteller bietet mit der DSCope-Serie auch USB-Oszilloskope an, die beide mit der gleichen Software bedient werden können. Die USB 3.x Schnittstelle bietet eine gewisse Zukunftssicherheit. Die dazugehörige Software scheint momentan auch die meisten Protokollanalysatoren zu beinhalten.

... wenn der PWM-Ausgang der Logikanalysatoren von Kingst ein wichtiges Feature ist, welches sie benötigen, oder der große Eingangsspannungsbereich dieser Geräte, von ±50 V, kann dies das richtige Gerät für Sie sein.

... wenn Sie Fehler suchen möchten, die nicht nur in reinen Digitalschaltungen zu finden sind, die ganze Fehlersuche auch sehr komplex werden kann, dann ist möglicherweise ein PicoScope MSO von Pico Technology das richtig für Sie.

**Was ist mit Stand-alone-Geräten?**
Wie schon an dem Beispiel des Rigol MSO zu sehen ist, sind reine Stand-alone-Geräte meiner Meinung nach zu statisch in ihrer Ausstattung. Dabei spielt es keine Rolle, ob wir über ein Gerät aus dem günstigen Preissegment reden, oder von einem High-End-Gerät des höheren vierstelligen Preisbereichs. Die darin zur Verfügung stehenden Protokollanalysatoren sind meist von der Anzahl deutlich geringer vorhanden und auch weniger leistungsfähig als die in der Software der USB-Geräte angebotenen Protokollanalysatoren. Es gibt bei Stand-alone-Geräten meist keine Aktualisierungen und Erweiterungen des Leistungsumfangs innerhalb der bereitgestellten Firmware-Updates. Im Gegensatz dazu wird die Software der USB-Logikanalysatoren ständig weiterentwickelt und aktualisiert. Neue Protokollanalysatoren kommen hinzu und auch neue und gerade erst am Markt erschienene Protokolle finden so ihren Weg in die Software und können dann analysiert werden. Wer die Fähigkeiten besitzt, kann die Software der USB-Logikanalysatoren mit eigenen Plugins erweitern.

Dies alles funktioniert bei Stand-alone-Geräten nicht. Nach kurzer Zeit kann solch ein Gerät schon mit seinen Fähigkeiten veraltet sein, wohingegen ein USB-Logikanalysator, durch die ständige Aktualisierung der Software, über viele Jahre hinaus – zumindest auf der Softwareseite – State of the Art bleiben kann.

**Einschränkung bei Stand-alone-Geräten**
Achtung! Bei Stand-alone-Geräten gibt es eine weitere Einschränkung gegenüber den USB-Logikanalysatoren: Die Anzahl der gleichzeitig verwendbaren Protokollanalysatoren ist beschränkt. Bei allen Logikanalysatoren, die ich in MSOs angetroffen habe, waren nur maximal zwei Protokolle gleichzeitig entschlüsselbar. Bei den USB-Logikanalysatoren gibt es solch eine Einschränkung nicht.

# Kapitel 3 • Protokolle und Hardware

## 3.1 Versuchsschaltungen

Um mit der Arbeitsweise eines Logikanalysators vertraut werden zu können, verwenden wir in diesem Buch einige Experimentierschaltungen. Diese können Sie gerne frei nachbauen und daran die Protokollanalyse einüben.

Die Schaltungen sind nicht kompliziert, oder schwer zu bauen. Sie sind auch nur zur Demonstration geeignet. Das Hauptaugenmerk liegt bei den Schaltungen darauf, die Protokollanalyse zu üben und das Prinzip zu verstehen.

In diesem Buch konzentrieren wir uns auf die am meisten anzutreffenden Protokolle. Diese bilden auch gleichzeitig einen Querschnitt der bei Protokollen verwendeten Konzepte ab, ein paar sind asynchron und andere sind getaktet. Die einen sind komplex, die anderen nur einfach aufgebaut. Bei der Auswahl ging es nicht nur um die Protokolle selbst, es ging um das große Ganze. Wenn Sie jedes der im Buch behandelten Protokolle kennengelernt haben, werden Sie generell verstehen, wie man auch ein unbekanntes Protokoll erkennen, analysieren und auf Fehler überprüfen kann. Sie werden wissen, wie wichtig die Datenblätter sind, um grundlegende Informationen zum Protokoll in Erfahrung zu bringen, Sie werden den besten Ansatzpunkt in der Schaltung für eine Analyse ermitteln können und die nötigen Vorüberlegungen kennen. Letztendlich werden Sie in der Lage sein sich von da an jedes weitere und auch zukünftige Protokoll selber zu erschließen.

Müssen Sie jede Versuchsschaltung in diesem Buch nachbauen? Nein. Diese dienen nur als Plattform, falls Sie so etwas noch nicht gebaut haben. Es sind einfache, minimal gehaltene Versuchsschaltungen, die nur eine Möglichkeit zum Einsatz des Logikanalysators bieten sollen.

Möglicherweise haben Sie aber schon eigene Schaltungen gebaut, in denen Sie den Logikanalysator lieber einsetzen möchten? Das geht ohne Weiteres. Wenn diese genügend Ähnlichkeiten zu den im Buch verwendeten Experimentierschaltungen haben, können Sie auch diese benutzen. Ein OLED-Display bleibt immer ein OLED-Display. Sie müssen dann nur die geeigneten Punkte für den Anschluss des Logikanalysators in Ihrer eigenen Schaltung finden.

Jedes Kapitel beinhaltet einen Abschnitt zur Fehlersuche. Jedes Protokoll ist anders und so beinhalten die jeweiligen Kapitel ein paar andere Hinweise und Vorgehensweisen, um einem Protokoll auf den Grund zu gehen. Sollten Sie also nicht jedes Protokoll nachbauen und Ihren Logikanalysator daran zum Einsatz bringen, so lohnt sich doch zumindest ein Blick in die jeweiligen Abschnitte zur Fehlersuche.

### 3.1.1 Benötigte Hardware

Für die in diesem Buch zur Demonstration verwendeten Schaltungen, nutzen wir ein preisgünstiges Mikrocontroller-Board, einen Arduino UNO oder einen Raspberry Pi Pico.

**Raspberry oder Arduino**
Falls Sie Hilfe benötigen, um Ihren Raspberry Pico, Pi oder Arduino einzurichten und in Betrieb zu nehmen, finden Sie im Anhang dieses Buches einen Abschnitt mit dem Titel "Arbeitsumgebung einrichten". Dort finden Sie alle nötigen Schritte, um den für die Experimentierschaltungen benötigten Mikrocontroller einsatzbereit zu bekommen.

Die verwendeten Protokolle zeichnen Sie dann mit einem Logikanalysator auf und führen eine Analyse durch. Wir besprechen das Protokoll, die jeweiligen Ansätze für eine Fehlersuche und es gibt noch generelle Tipps.

**Was wird für die Experimente benötigt?**
Falls Sie sich entschließen, eine der Versuchsschaltungen nachzubauen, finden Sie eine Liste der benötigten Bauteile jeweils bei der Schaltungsbeschreibung. Für alle Experimentierschaltungen sind ein paar Hilfsmittel generell empfehlenswert:

Für die Schaltung selbst können Sie meist ein Steckbrett (engl. Breadboard) verwenden. So sind Änderungen und Anpassungen der Schaltung schnell und einfach möglich. Das ist aber nicht immer nötig, oft reicht eine fliegende Verdrahtung. Das Steckbrett selbst ist allerdings nicht gut geeignet für Schaltungen mit höheren Takten, es treten gerne mal Wackelkontakte auf, die sich störend auswirken.

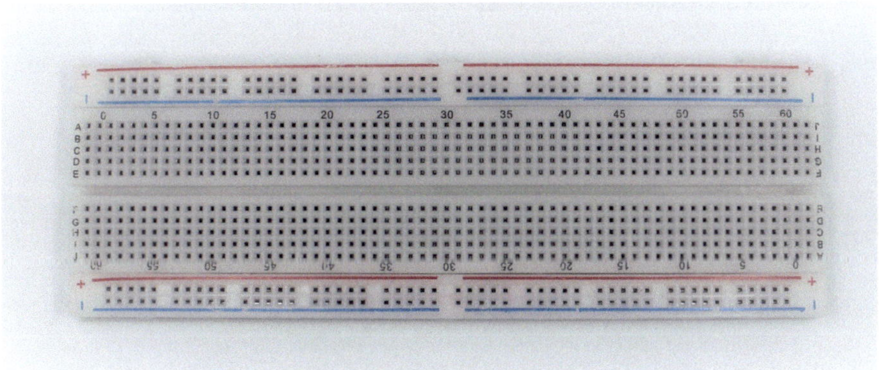

*Bild 3.1 Ein Breadboard zur freien Verdrahtung von Versuchsschaltungen*

Neben dem Logikanalysator benötigen Sie dann noch ein paar Hilfsmittel, um die Tastköpfe sicher anschließen zu können. Wahrscheinlich ist Ihr Logikanalysator mit den zu den Kanälen gehörenden Anschlussleitungen geliefert worden. Meist sind diese zum Aufstecken auf Pfostenleisten ausgeführt, manchmal werden auch noch kleine Greifer mitgeliefert, mit denen man die Leitung anklemmen kann.

*Bild 3.2 Ein Logikanalysator mit Prüfklemmen für bedrahtete Bauteile*

Solche kleinen Hakenklammern helfen allerdings nur weiter, wenn man mit einem Steckbrett, bedrahteten Bauteilen, oder kurzen Drahtstücken arbeiten kann.

*Bild 3.3 Beispiel für den Anschluss der Prüfklemmen an ein Display*

Falls Sie Schaltungen auf einer SMD-Platine untersuchen möchten, benötigen Sie Tastköpfen mit Pogo-Pins. Damit können Sie eine sichere Verbindung zu den kleinsten Bauteilbeinchen herstellen.

*Bild 3.4 PCBite Pogo Tastköpfe ermöglichen das Abgreifen von Signalen auf den kleinsten Platinen*

Platinen mit SMD-Bausteinen haben immer kleinere Strukturen. Um digitale Signale auf solch einer Leiterplatte abgreifen zu können, benötigen Sie spitze gefederte Tastköpfe, die an die Kontakte herangeführt werden können und sich selbst in Position halten. Diese Pogo-Pins sind spezielle Tastköpfe, wie sie auch gerne bei der Arbeit mit Oszilloskopen verwendet werden.

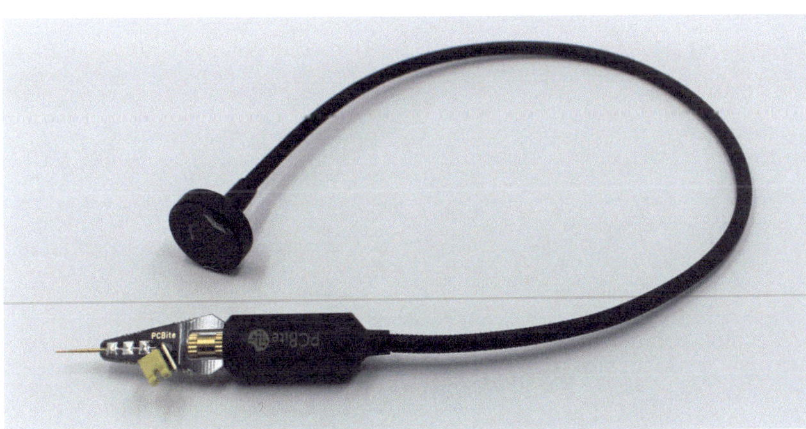

*Bild 3.5 Gesamtansicht eines PCBite Tastkopfs mit gefederter Spitze und magnetischer Basis*

Die Firma Sensepeek hat mit ihren PCBite-Messleitungen solche Sets im Angebot, bei denen mit so genannten Freihandtastern der Kontakt auf den SMD-Bauteilen hergestellt werden kann.

### 3.1.2 Weitere Hilfsmittel

Um die Federklemmen der Kontaktschleifen des Breadboards miteinander zu verbinden, um eine Schaltung aufzubauen, sind Drahtbrücken notwendig. Diese gibt es in flexibler oder starrer Form.

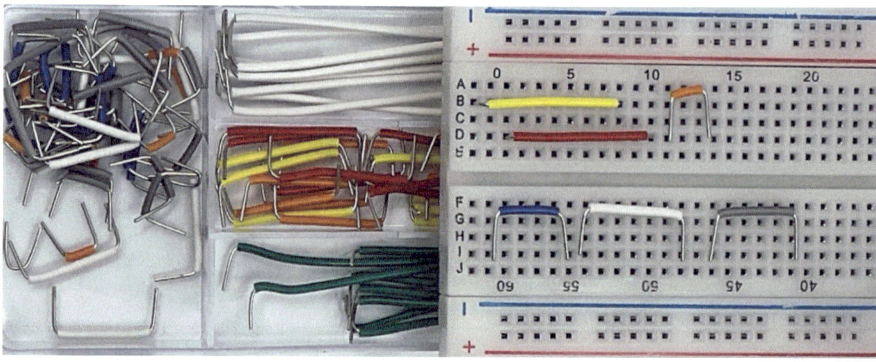

*Bild 3.6 Drahtbrücken für einen sauberen Aufbau auf einem Breadboard*

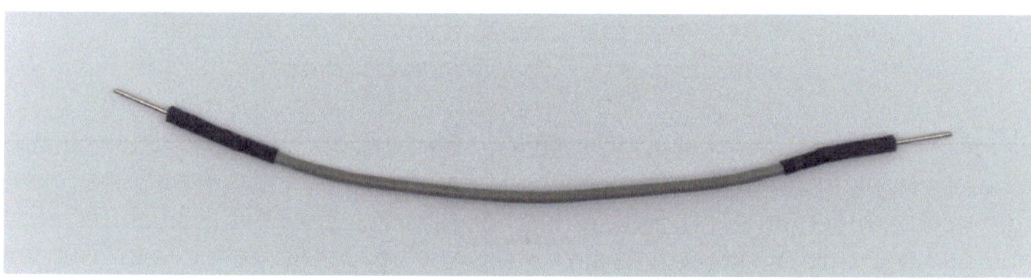

*Bild 3.7 Flexible Steckverbinder für die Verdrahtung auf einem Breadboard*

Passende Pinleisten im passenden Maß (RM2,54) bieten auf dem Breadboard eine gute Möglichkeit Prüfleitungen anzuschließen.

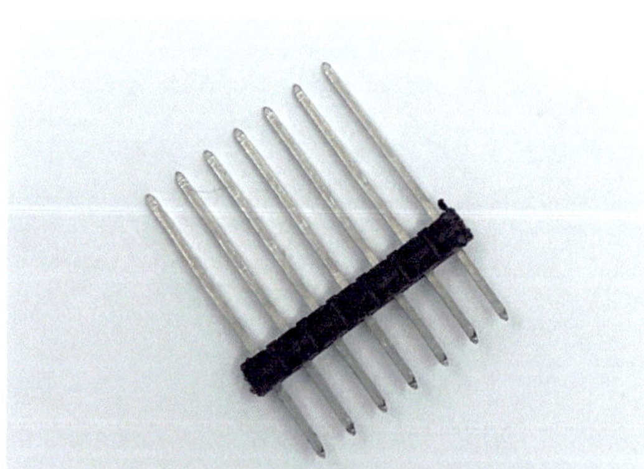

*Bild 3.8 Pinleisten mit dem Rastermaß 2,54 sind auch für ein Breadboard geeignet*

Testclips für die Prüfleitungen des Logikanalysators. (Werden normalerweise mit dem Logikanalysator mitgeliefert.)

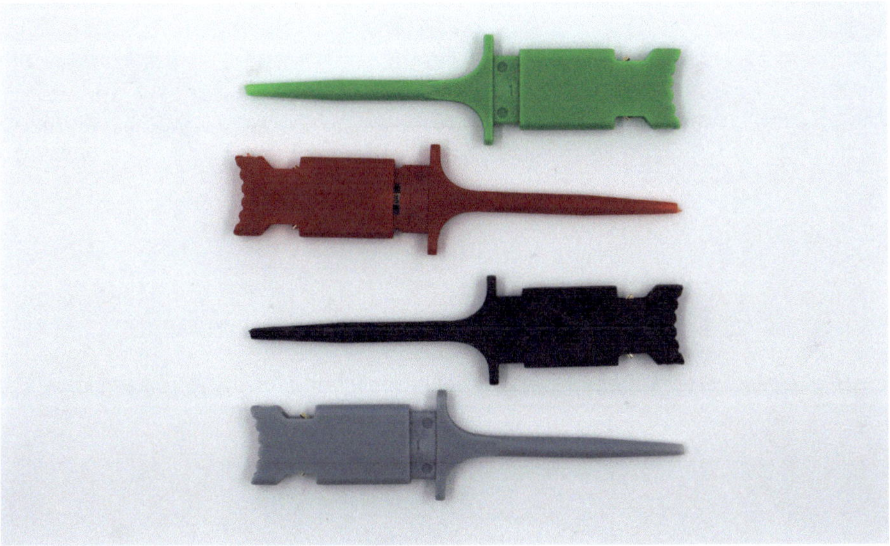

*Bild 3.9 Die "Grabber" genannten Clips*

Anschlussleitungen / Messleitungen für die Kanäle des Logikanalysators. Zwar werden immer welche mit dem Logikanalysator mitgeliefert, allerdings möchte man manchmal einen weiteren Satz haben, um den Logikanalysator abziehen zu können, ohne die Prüfleitungen an der zu untersuchenden Schaltung abnehmen zu müssen. So kann man den Logikanalysator, ohne viel Aufwand, zwischen mehreren zu untersuchenden Schaltungen, hin und her wechseln.

*Bild 3.10 Flachbandleitung mit Steckern für den Anschluss von Logikanalysator-Kanälen*

Krokodilklemmen, Prüfschnüre, Stromversorgungsleitungen mit Bananenstecker, usw.

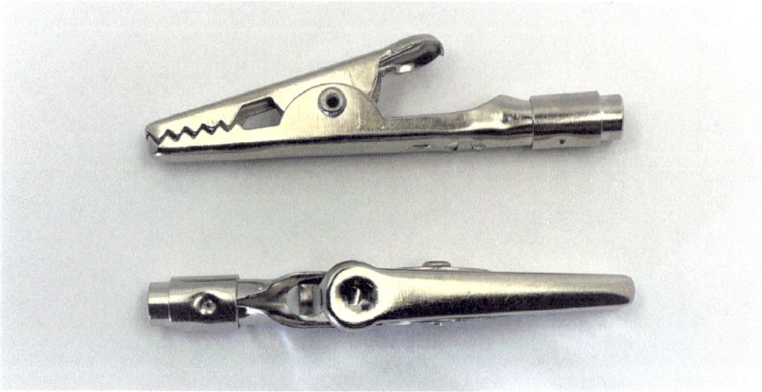

*Bild 3.11 Krokodilklemmen sind für alle möglichen Einsatzzwecke geeignet*

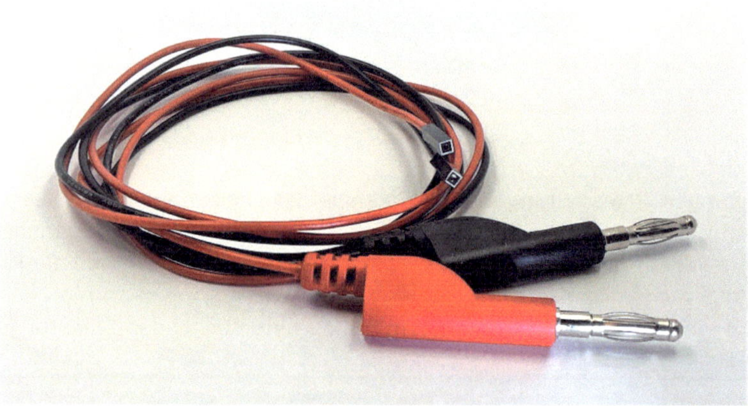

*Bild 3.12 Prüfleitung mit Bananenstecker eigenen sich gut für den Anschluss eines Multimeters*

*Bild 3.13 Krokodilklemmen können mit Bananensteckern kombiniert werden*

## 3.2 Bedienkonzepte der Software

Die Software eines Logikanalysators ist immer ähnlich aufgebaut. Das Fenster unterteilt sich in vier Bereiche. Dieser Aufbau ist bei fast jeder Bediensoftware der USB-Logikanalysatoren zu finden. (Sigrok/Pulseview oder PicoScope machen hier eine Ausnahme.)

Nachfolgend können Sie ein paar Beispielbilder sehen, wie die vom Hersteller mitgelieferte Bediensoftware bei den hier im Buch eingesetzten Logikanalysatoren aussieht:

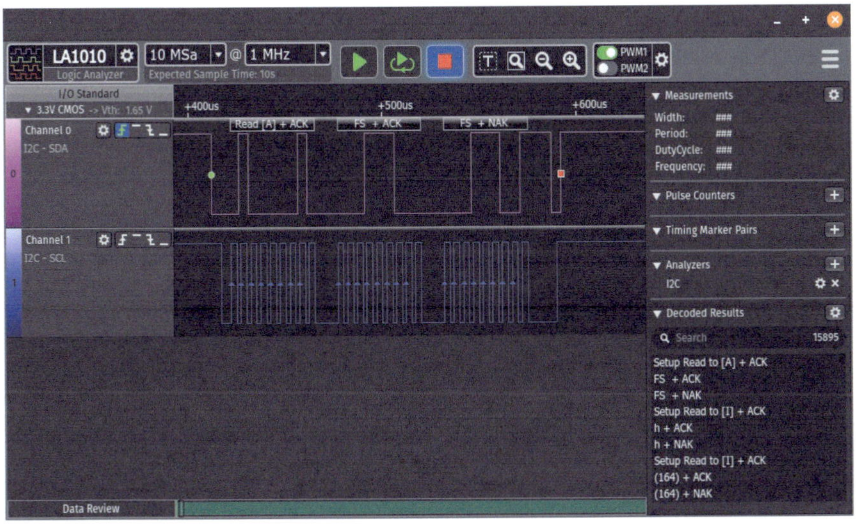


*Bild 3.14 Ansicht der KingstVIS Software bei der Analyse*

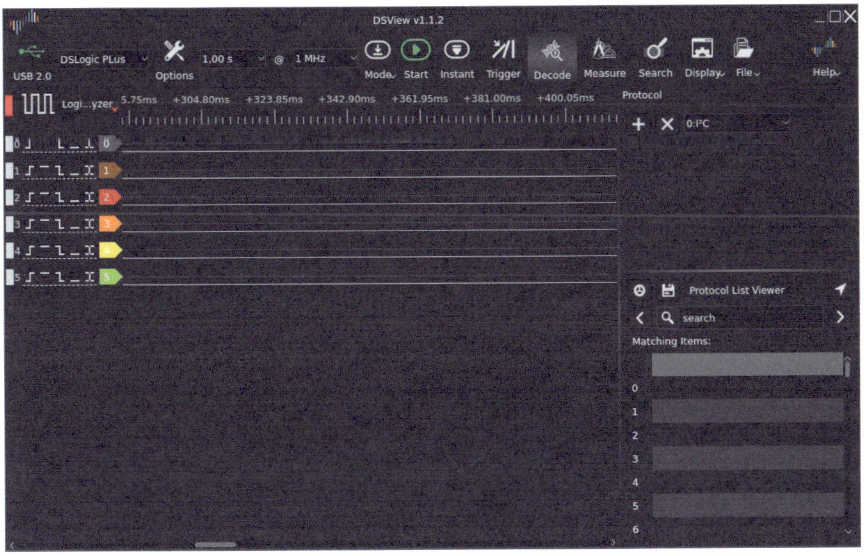


*Bild 3.15 Ansicht der DSView Software von DreamSourceLab*

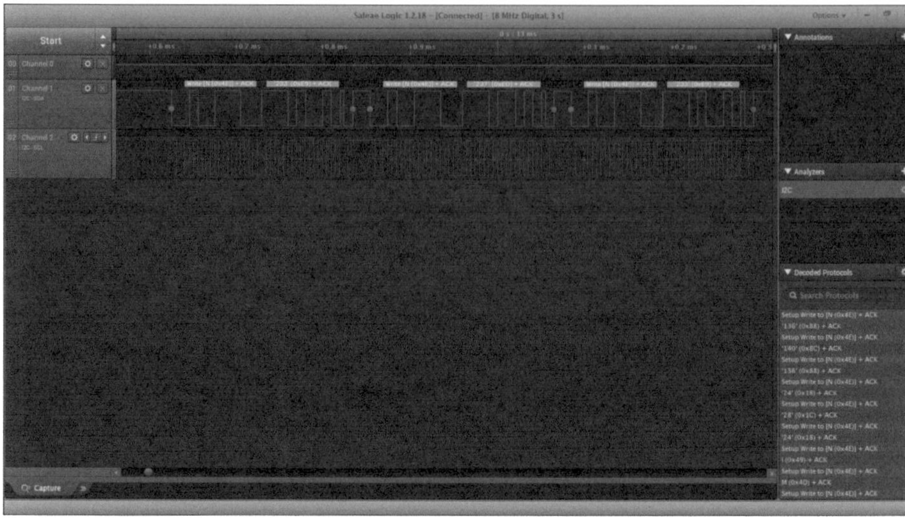


*Bild 3.16 Ansicht der Saleae Logic Software bei der Analyse*

Im oberen Bereich des Fensters gibt es immer eine Menuleiste, um den Logikanalysator zu konfigurieren. Dort werden auch die Abtastrate und Bandbreite eingestellt und die Erfassung gestartet.

An der linken Seite des Fensters werden die Kanäle des Logikanalysators untereinander dargestellt. Die Anzahl der angezeigten Kanäle entspricht der Einstellung, die man für den Logikanalysator getätigt hat. Hat man nur drei Kanäle in den Einstellungen aktiviert, werden dort nur drei Kanäle dargestellt. Bei den einzelnen Kanälen finden sich noch kleine Symbole, mit denen der Trigger aktiviert werden kann und so die Aktivierung bei einer steigenden oder fallenden Flanke eingestellt wird.

In der Mitte des Fensters wird die Wellenform der erfassten Signale dargestellt. Ober- oder unterhalb davon wird ein Zeitindex angezeigt und mit der Maus kann die Ansicht der Wellenform vergrößert, verkleinert und verschoben werden.

An der rechten Seite des Fensters werden die Protokollanalysatoren ausgewählt und eingestellt. Auch die Einstellungen zu komplexen Triggern - wenn bei dem Gerät vorhanden - sind meist hier zu finden. Im unteren Teil wird bei einer erfolgreichen Dekodierung des Protokolls eine Tabelle mit den Ergebnissen angezeigt.

Nachdem man alle Einstellungen vorgenommen hat, betätigt man in der Toolbar den Button "Start", um die Aufzeichnung zu starten. Nach der Erfassung sollte im mittleren Teil des Fensters, den jeweiligen Kanälen zugeordnet, eine Darstellung der Signale erfolgen.

**PicoScope MSO: 4 in 1**
Natürlich gibt es von jeder Regelmäßigkeit auch eine Ausnahme. Die Software des PicoScope MSO unterscheidet sich deutlich vom Layout der anderen Bedienoberflächen. Da dieses Gerät Oszilloskop, Logikanalysator, Spektrumanalysator und Funktionsgenerator in einem Gehäuse vereint, ist auch die Software deutlich umfangreicher und anders aufgebaut als bei den reinen USB-Logikanalysatoren.

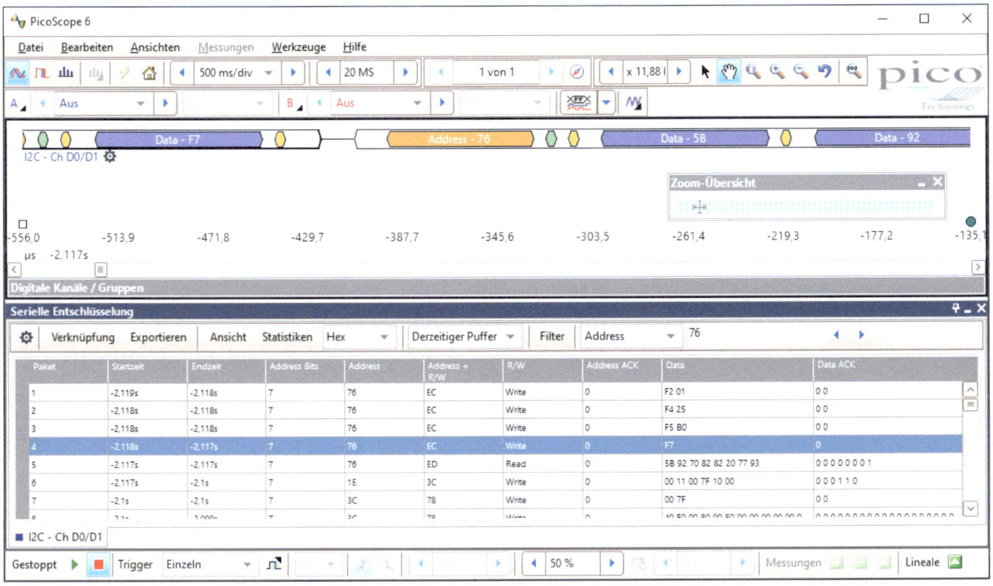

*Bild 3.17 Darstellung einer I²C Analyse bei einem PicoScope MSO*

## 3.3 Der I²C Bus

Die Buchstaben **I**²C stehen für **IIC** bzw. **I**nter **IC** bus. I²C wurde ursprünglich von Phillips zum Datenaustausch in Fernsehgeräten entwickelt und stellt einen Bus zu Kommunikation zwischen ICs dar.
Atmel nennt seine Implementation des I²C-Bus auch TWI (*Two Wire Interface*).

### Standard-Mode

Dieser Bus kann mit verschiedenen Geschwindigkeiten laufen. Der *Standard-Mode* läuft mit 100 kHz und stellt den kleinsten gemeinsamen Nenner dar. Alle I²C-Bausteine unterstützen diese Geschwindigkeit. Dies ist auch die einzige Geschwindigkeit, in der der I²C-Bus ohne Pull-Up Widerstände betrieben werden kann.

### Fast-Mode

Der *Fast-Mode* läuft mit einer Geschwindigkeit von 400 kHz. Die Bausteine, die den *Fast-Mode* unterstützen unterscheiden sich etwas von den Bausteinen des *Standard-Mode,* die Stichwörter für weiterführende Literatur sind: *clock stretching, adaptive schmitt triggers, spike suppression, floating SDA and SCL pins.*

*Standard-Mode*-Bausteine können nicht zusammen mit *Fast-Mode*-Bausteine in einem I²C-Bus mit 400 kHz betrieben werden. Allerdings können *Fast-Mode*-Bausteine ohne Probleme zusammen mit *Standard-Mode*-Bausteine in einem I²C-Bus mit 100 kHz betrieben werden. Der *Fast-Mode+* läuft mit einer Geschwindigkeit von bis zu 1 Mbit/s.

### High-Speed-Mode

Der *High-Speed-Mode* läuft mit einer Geschwindigkeit von bis zu 3,4 Mbit/s. Auch wenn das Protokoll gleichbleibt, ändert sich das Timing des Busses gegenüber den anderen Geschwindigkeiten. Die Stichwörter für weiterführende Literatur sind hier: *30 % duty cycle for SCL* und *master code for high-speed mode, stop-condition for slowest device on the bus.*

### Terminologie

| | |
|---|---|
| SCL | **S**erial **C**lock **L**ine, Taktleitung, auch genannt SCLK oder SCK. Diese Leitung ist unter Kontrolle des *Active Masters*. |
| SDA | **S**erial **D**ata **L**ine. Datenleitung, auch genannt SDAT oder SDATA. Diese Leitung wird primär vom *Master* verwendet und temporär zur Datenübertragung an einen SLAVE gegeben. |
| MASTER | Der *Master* des I²C-Bus initiiert die Datenübertragungen und gibt den Takt auf dem Bus vor. |
| ACTIVE MASTER | Wenn der *Master* gerade mit einem Slave kommuniziert, wird er *Active Master* genannt. (Es kann mehrere Master in einem Bus geben, wobei dann aber auch jeder *Master* zum *Multimaster-Modus* fähig sein muss!) |
| SLAVE | Ein Teilnehmer des I²C-Busses, der nicht selbst eine Datenübertragung auf dem Bus initiieren kann, sondern vom *Master* mit seiner Adresse angesprochen wird, um zu empfangen oder zu senden. |
| BUS TRANSACTION | Die gesamte Kommunikation zwischen *Master* und *Slave*. Diese beinhaltet nicht nur die Daten, sondern auch die Adressierung der Slaves und die Start-/Stop-Conditions. |

**Aufbau des Protokolls**
Das grundsätzliche Protokoll des I²C-Bus lässt sich am einfachsten anhand eines Flowcharts erklären.

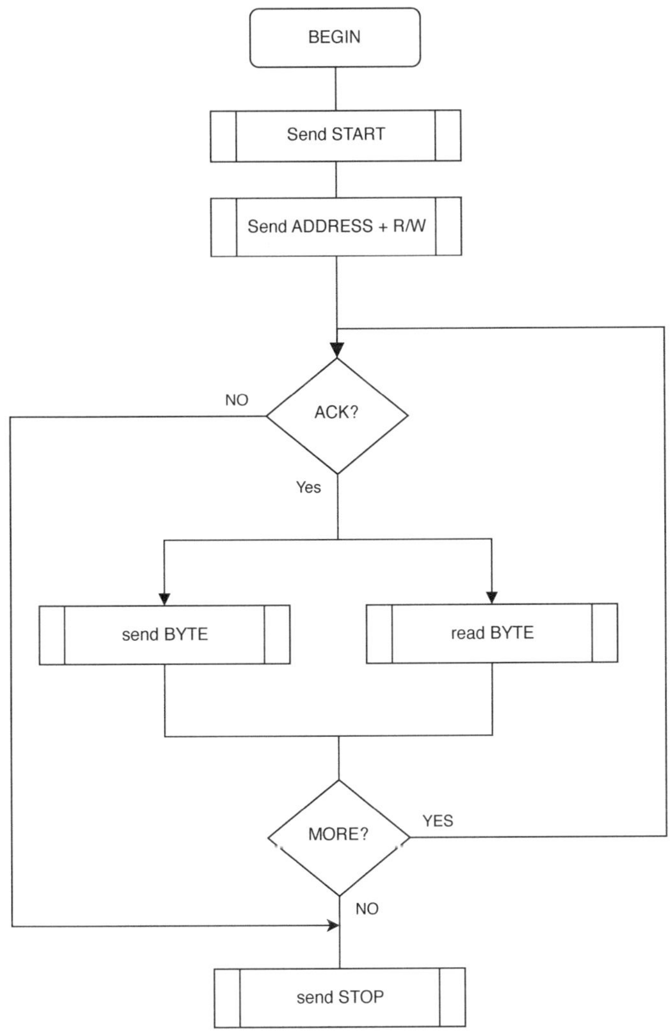


*Bild 3.18 Flussdiagramm des I²C-Protokolls*

Der Ablauf des I²C-Protokolls ist so einfach gehalten, dass in jedem Moment der Kommunikation ein eindeutiger Zustand herrscht. Der generelle Ablauf ist folgender:

**Der Master möchte Daten zu einem Slave senden:**

- Der *Master* setzt die *Start-Condition* (SDA geht von High auf Low, bevor CLK von High auf Low geht) und adressiert den *Slave* mit dessen Adresse (7-Bit) und sendet noch einem Bit, eine 0, um anzuzeigen, dass er Daten schreiben möchte.

- Der *Slave* meldet sich aufgrund seiner Adresse und signalisiert seine Bereitschaft mit einem *ACK*, einem Bestätigungs-Bit. Eine 0 bedeutet verstanden.

- Der *Master* sendet die Daten zum *Slave*, jedes Datenpaket hat 8-Bit (MSB). Jedes Byte wird vom *Slave* mit einem Bestätigungs-Bit (*ACK*) quittiert. Eine 0 bedeutet die Daten wurden empfangen und alles ist in Ordnung.

- Der *Master* beendet den Datentransfer und setzt die *Stop-Condition* (SDA geht von Low auf High, nachdem CLK von Low auf High geht).

**Der Master möchte Daten vom Slave empfangen:**

- Der *Master* setzt die *Start-Condition* (SDA geht von High auf Low, bevor CLK von High auf Low geht) und adressiert den *Slave* mit dessen Adresse (7-Bit) und sendet noch ein Bit, eine 1, um anzuzeigen, dass er Daten empfangen möchte.
- Der *Slave* meldet sich aufgrund seiner Adresse und signalisiert seine Bereitschaft mit einem ACK, einem Bestätigungs-Bit. Eine 0 bedeutet verstanden.
- Der *Master* sendet die Register-Adresse, die ausgelesen werden soll (7-Bit), gefolgt von einem Bit, eine 0, um anzuzeigen, dass er Lesezugriff haben möchte.
- Der *Master* empfängt nun die Daten vom *Slave*, jedes Datenpaket hat 8-Bit. Nach jedem empfangenen Byte sendet der *Master* ein Bestätigungs-Bit (*ACK*). Eine 0 bedeutet die Daten wurden empfangen und alles ist in Ordnung.
- Der *Master* beendet den Datentransfer mit einem *NACK* (Bestätigungs-Bit mit einer 1) und setzt die *Stop-Condition* (SDA geht auf High).

Die Prozedur, um Daten von einem Slave lesen zu können benötigt demzufolge ein paar Schritte mehr als das Schreiben. Auffällig ist hier der zweite Schritt, das Senden einer Register-Adresse.

**Vor- und Nachteile des I²C-Bus**

Der I²C-Bus wird immer mit einem weiteren, weit verbreiteten Protokoll verglichen, dem SPI-Bus. Da beide oft konkurrieren, weil sie für ähnliche Zwecke einsetzbar sind, kommen wir auch hier nicht ohne den Vergleich zwischen diesen beiden Protokollen aus. Widmen wir uns zuerst dem I²C-Bus und im folgenden Kapitel dem SPI-Bus, um die jeweiligen Vor- und Nachteile hervorzustellen.

**Datenübertragungsrate**

Die geringere Anzahl von Leiterbahnen zwischen den I²C-Bausteinen ist der Hauptvorteil gegenüber SPI. Allerdings ist die Datenübertragungsrate beim I²C-Bus weit geringer als beim SPI-Bus, da neben den Daten auch die Adressen der angesprochenen Bausteine übertragen werden müssen und keine synchrone Datenübertragung möglich ist. Die maximale Taktrate eines I²C-Bus ist deutlich geringer als beim SPI-Bus. Es gibt zwar einen High-

Speed-Modus mit 3,4 MHz, leider kann beim Arduino aber nur maximal der Fast-Mode mit 400 kHz benutzt werden.

**Anzahl der Leiterbahnen**

Für geringere Datenmengen ist der $I^2C$-Bus eine gute Lösung, da er nur zwei Leitungen benötigt und nicht wie der SPI-Bus eine hartverdrahtete Master-Slave-Adressierung verwendet. Bauelemente mit $I^2C$-Schnittstelle sind auch einfacher zu bekommen als die mit SPI-Schnittstelle und meist sind für Anzeigen oder Sensoren auch keine hohen Datenübertragungsraten notwendig.

**Reset und Brownout**

Ein Nachteil bei $I^2C$ ist der fehlende Bus-Reset, falls die Schaltung einen Brownout erleidet oder durch einen Fehler aus dem Takt gerät. Solange das Gerät mittels einem Aus- und Einschaltvorgang einfach zurückgesetzt werden kann, wie beispielsweise ein Fernseher, ist dies noch zu verkraften. Bei Schaltungen die dauerhaft laufen müssen, ist der $I^2C$-Bus allerdings nicht verlässlich genug, wenn nicht beispielsweise ein Chip wie der LTC4304 eingesetzt wird. Da der $I^2C$-Bus aber von Phillips für den Unterhaltungsbereich entwickelt wurde, ist er für diese Anwendungszwecke gut geeignet und kann mit den genannten Einschränkungen leben. Für andere Anwendungsbereiche gelten andere Anforderungen und Notwendigkeiten. Um die Probleme und Schwächen des $I^2C$-Bus zu adressieren, wurde der $I^3C$-Bus entwickelt, der abwärtskompatibel zu $I^2C$ ist. $I^3C$ ermöglicht auch eine höhere Datenrate und bietet bei großen Datenmengen eine Alternative zu SPI.

**Was ist ein Brownout?**

Bei einer Unterschreitung der Spannungsversorgung können in einer Schaltung einzelne Komponenten eine Fehlfunktion erleiden, während andere Komponenten noch normal weiterarbeiten. Die Schaltung spielt in solch einem Fall meist verrückt und produziert merkwürdige Fehler, die man sich nicht erklären kann.

**Weiterführende Literatur**

Da der Fokus dieses Buches bei der Anwendung eines Logikanalysators liegt, empfehle ich Ihnen für ein tiefer gehendes Verständnis des $I^2C$-Protokolls weiterführende Literatur. Verschiedene Titel finden Sie im Anhang dieses Buches.

### 3.3.1 Die I²C Wetterstation

Was gibt es Praktischeres als eine eigene Wetterstation? Mit Hilfe des I²C-Protokolls können wir einen BME280-Sensor zur Erfassung der Daten und ein grafisches OLED-Display zur Visualisierung derselben verwenden.

Falls Sie keine geeignete Schaltung haben, mit der Sie die Analyse des I²C-Protokolls mit einem Logikanalysator einüben können, bietet diese Schaltung nicht nur vielzählige Möglichkeiten dafür, sondern ist auch noch praktisch und kann später ausgebaut werden. Stück für Stück kann diese Schaltung noch mit anderen Modulen erweitert werden, beispielsweise mit einem EEPROM kann die Wetterstation noch zu einem Datenlogger werden.

Aber fangen wir erst mit der einfachsten Variante an.

**Benötigte Komponenten**

- Arduino UNO
- BME280-Sensor
- OLED Display mit 128x64 Pixel
- Breadboard
- Drahtbrücken

**Verdrahtung**

Als Hardware verwenden wir einen Arduino UNO, einen BME280-Sensor und ein OLED-Display mit 128x64 Pixel. Diese drei Komponenten verbinden wir wie in der nachfolgenden Skizze gezeigt.

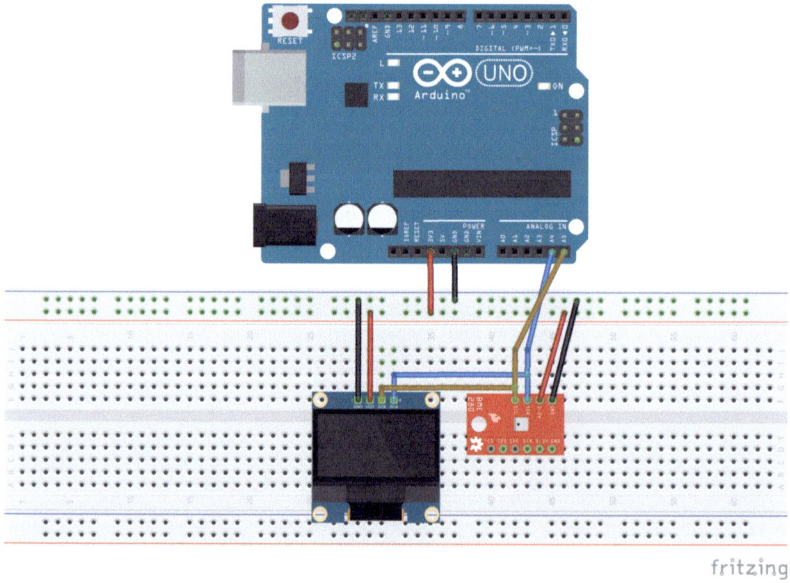


*Bild 3.19 Aufbau der Wetterstation Schaltung*

Wichtig ist: Der I²C-Bus wird dabei bei einem Arduino UNO an die GPIO-Pins A4 (SDA) und A5 (SCL) angeschlossen. Diese beiden Anschlüsse sind extra dafür vorgesehen und werden von der Arduino IDE mitgelieferten Standard-Bibliothek *"Wire.h"* direkt unterstützt. Die Stromversorgung der Module erfolgt über den 3,3 V GPIO-Pin des Arduino.

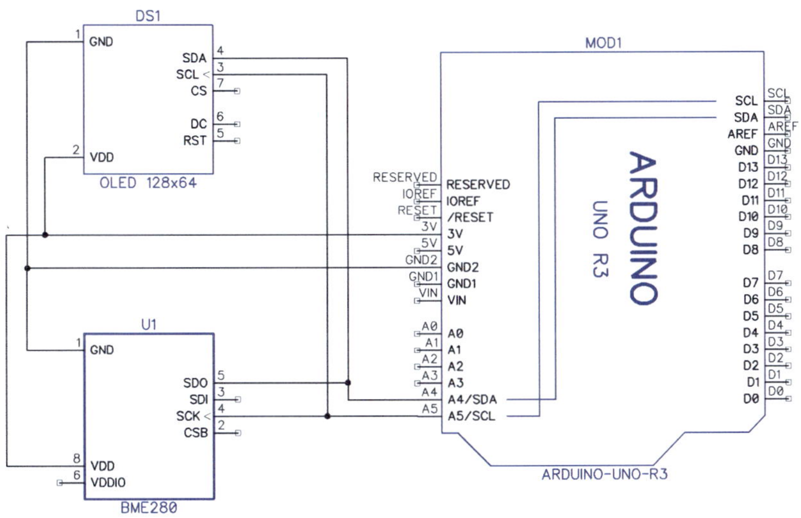


*Bild 3.20 Schaltplan der Wetterstation*

**Funktionsweise**

Der Temperatursensor BME280 liefert uns sowohl die Temperatur als auch den Luftdruck und die relative Luftfeuchtigkeit. Sollten Sie den ähnlichen BMP280 Sensor besitzen, können Sie auch diesen verwenden. In diesem Fall fehlt dann der Wert zur relativen Luftfeuchtigkeit.

Die vom Sensor bereitgestellten Daten fragen wir mit dem Arduino UNO ab, und übertragen sie zum OLED-Display. Das Ganze wiederholen wir jede Sekunde und so haben wir eine kleine Wetterstation zum Laufen gebracht.

**Bibliotheken**

Schließen Sie den Arduino UNO mit einem USB-Kabel an Ihren Rechner an und starten Sie die Arduino IDE. Erstellen Sie einen neuen Sketch, in dem Sie die nötigen Bibliotheken einbinden, die für den Betrieb des Sensors und des Displays nötig sind. Diese dann im Quellcode der Wetterstation verwendeten Bibliotheken müssen aber initial in der IDE installiert werden. Verwendet wird dafür die Bibliotheksverwaltung, die im Menü unter "*Werkzeuge*" -> "*Bibliothek verwalten*" aufgerufen wird. Geben Sie dort in der Suchleiste beispielsweise "GFX" ein, um die passende Adafruit Bibliothek herauszusuchen, die Sie für den Betrieb der Komponenten benötigen.

Eingefügt in den Quellcode werden die mit der Bibliotheksverwaltung installierten Bibliotheken dann mit dem Menüpunkt "*Sketch*" -> "*Bibliothek einbinden*"

Binden Sie auf diesem Weg folgende vier Bibliotheken ein:

```
#include <Wire.h>        // include Arduino wire library (required for I2C devices)
#include <Adafruit_GFX.h>      // include Adafruit graphics library
#include <Adafruit_SSD1306.h> // include Adafruit SSD1306 OLED display driver
#include <BME280I2C.h>         // include Adafruit BME280 sensor library
```

Es kann sein, dass Ihr BME280-Sensor, oder auch das OLED-Display, von einem anderen Hardwaretyp sind als die in meinem Versuchsaufbau verwendeten Module. Wahrscheinlich funktionieren die recht generisch gehaltenen Bibliotheken auch bei Ihnen ohne Probleme. Falls aber ein Modul nicht funktioniert, müssen Sie recherchieren, ob eine andere Bibliothek verwendet, oder die bestehende Bibliothek modifiziert werden kann. Bei einer Suche in den verschiedenen Elektronik-Foren findet sich fast immer ein Hinweis dazu.

**Quellcode**

Der Quellcode für die Wetterstation ist am Ende dieses Kapitels zu finden, oder auf der Webseite des Buches. Sie laden mit der Arduino IDE die Datei mit der Endung ".ino" und können diese dann kompilieren und auf den Arduino UNO hochladen.

Selbstverständlich können Sie das Programm auch selber schreiben, es gibt im Internet einige Beispiele und Vorlagen für den Sensor und das Display. Wenn Sie aber ein Anfänger in der Programmierung sind, oder einfach Zeit sparen wollen, können Sie gerne den bereitgestellten Quellcode verwenden.

**Die Arbeitsweise der Software**

Der I²C-Bus ist an den Pins A4 (SDA) und A5 (SCL) des Arduino UNO angeschlossen. Wie schon gesagt, diese beiden Anschlüsse sind von den Arduino-Entwicklern dafür vorgesehen und sofort benutzbar. Darum brauchen Sie sich im Quellcode nicht weiter zu kümmern.

Die ersten Zeilen beinhalten die benötigten Bibliotheken. Diese werden Sie von Ihrer vorherigen Installation mit der Bibliotheksverwaltung wiedererkennen.

Die nächsten Zeilen spezifizieren das grafische Display und den Sensor. Der Sensor, wie auch das Display, haben jeweils eine eigene Adresse, mit der sie über den I²C-Bus angesprochen werden. In diesem Fall ist es 0x3C für das Display und 0x76 für den Sensor.

Der Hauptteil des Quellcodes besteht aus den beiden Funktionen "setup()" und "loop()". Die Setup-Funktion definiert die Geschwindigkeit des I²C-Busses und initialisiert das Display und den BME280-Sensor. Die Loop-Funktion sammelt im 1-Sekunden Abstand die Werte des Sensors ein und stellt diese auf dem Display dar.

Das Programm ist einfach gestrickt und Sie können es anpassen und modifizieren, falls Sie andere Komponenten für Ihre Wetterstation verwenden möchten.

Kompilieren Sie nun den Wetterstation-Quellcode und übertragen Sie ihn auf den Arduino UNO. Nach der Übertragung sollte die Meldung "Upload successful" erscheinen.

Nach einem kurzen Moment erscheint nun eine Anzeige auf dem Display, die vom Sensor geholten Werte für Temperatur, Luftdruck und Luftfeuchtigkeit sollten sich jede Sekunde aktualisieren.

Wenn die Wetterstation nun wie gewünscht funktioniert, widmen wir uns der Analyse des I²C-Protokolls mit dem Logikanalysator.

### 3.3.2 Eine I²C Analyse

**Was ist zu erwarten?**

Für eine Analyse des Protokolls machen wir uns zuerst das grundlegende Zusammenspiel der Komponenten bewusst. Da Sie die Schaltung auch selber aufgebaut haben, ist dies einfach:

Das I²C-Protokoll hat hier nur drei Beteiligte: einen Master und zwei Slaves. Der Arduino ist der Master, der Temperatursensor und das Display sind die Slaves. Die Zugriffe auf die beiden Slaves unterscheiden sich: Der Sensor wird nur ausgelesen und auf das Display wird nur geschrieben.

Die Taktfrequenz des I²C-Bus wird durch die Wire.h-Bibliothek gesetzt und beträgt 100 kHz:

```
Wire.setClock(100000L);
```

Falls die Geschwindigkeit des Busses nicht explizit im Quellcode gesetzt wird, beträgt die Taktfrequenz standardmäßig 100 kHz.

**I²C Geschwindigkeiten**

Bei einer unbekannten Schaltung mit einem Arduino Mikrocontroller beginnen Sie mit der Annahme, dass die Taktfrequenz zwischen 100 kHz und 400 kHz liegt. Da das I²C-Protokoll aber keiner Normung unterliegt, kann Ihnen jede Geschwindigkeit begegnen, zu der ein Arduino fähig ist.

**Anschluss des Logikanalysators**

Nun schließen Sie die Tastköpfe des Logikanalysators an den I²C-Bus an.

Einer, oder mehrere Anschlüsse des Logikanalysators sind mit "GND" oder "G" beschriftet, dies ist die Masseverbindung. Schließen Sie daran einen schwarzen Tastkopf mit Clip an.

Zwei weitere Tastköpfe werden an "CH0" und "CH1" (oder "0" und "1"), den ersten und zweiten Kanal des Logikanalysators angeschlossen.

Der Logikanalysator wird nun mit diesen drei Punkten verbunden:

1.) Zuerst wird die Masseverbindung an GND angeschlossen.
2.) Der erste Kanal wird an A4 (SDA) angeschlossen.
3.) Der zweite Kanal wird an A5 (SCL) angeschlossen.

Danach verbinden Sie den Logikanalysator mit dem USB-Anschluss des Computers, verbinden auch den Arduino mit seinem USB-Anschluss und öffnen die Software des Logikanalysators, um die erste Protokollerfassung zu starten.

Stellen Sie den Trigger auf die abfallende Flanke des Datenkanals ein und wählen Sie eine Abtastrate von 2 MBit/s aus. Starten Sie dann die Aufzeichnung. Nach einigen Sekunden sollte der Logikanalysator die Aufzeichnung beendet haben und Sie haben nun erfolgreich ein Sample aufgezeichnet.

**Grundlegende Überprüfungen der Protokollaufzeichnung**
Um mit dem Logikanalysator eine Fehleranalyse vorzunehmen, sollten Sie sich eine strukturierte Vorgehensweise aneignen, die an eine Fehlersuche in digitalen Schaltungen angepasst ist. Jeder kennt solche Prozeduren und wendet sie bewusst oder unbewusst bei der Fehlersuche an, in analogen Schaltungen beginnt solch eine Methodik oft mit der Überprüfung der Spannungsversorgung, gefolgt von der Überprüfung der gegebenenfalls vorhandenen Sicherungen, usw.

Bei der Arbeit mit dem Logikanalysator ist es nicht anders. Die hier angewendeten Schritte zur Eingrenzung eines Fehlers beginnen immer mit ein paar grundsätzlichen Überprüfungen:

- Design der Schaltung
- Verwendete Logik-Pegel
- Flankenanstieg und Haltezeit der Signale
- Plausibilität der erfassten Wellenform

Diese vier Überprüfungen sind unabhängig von dem verwendeten Protokoll und können schon Probleme in einer Schaltung aufdecken, noch bevor Sie sich an eine aufwändige Analyse des Protokolls machen und sich darin möglicherweise weiteren enthaltenen Problemen zuwenden. Wenn Ihnen die zur Fehlersuche vorliegende Schaltung unbekannt ist, sind die ersten drei der vier Schritte wichtiger als bei einer Ihnen bekannten Schaltung.

Gehen wir diese vier Schritte am Beispiel der Wetterstation durch:

**Design der Schaltung**
Überprüfen Sie zuerst, mit welchen Logik-Pegeln Sie rechnen müssen. Ist Ihr Logikanalysator dafür richtig eingestellt? Erscheint Ihnen die erfasste und dargestellte Wellenform plausibel?

Hier in diesem Fall, der Wetterstation, haben Sie es mit einem 3,3 V Logik-Pegel zu tun, damit sollten also die Low-Signale unter 0,8 V und die High-Signale über 2,4 V liegen.

**Vorsicht bei unterschiedlichen Logik-Pegeln**

In dieser Schaltung ist der I$^2$C-Bus mit 3,3 V an einem Mikrocontroller mit 5 V Logik-Pegel angeschlossen, der den Master stellt. Die Logik ist in dieser Richtung miteinander kompatibel, d.h. die Schwellwerte für die sichere Erkennung der High- und Low-Signale sind bei beiden Logik-Pegeln gleich gegeben, solange ein Low unter 0,8 V liegt und ein High-Signal über 2 V.

Nicht kompatibel ist meist eine Anbindung in der anderen Richtung, d.h. Signale mit 5 V Pegel können nicht an eine Logik mit 3,3 V gekoppelt werden, weil in diesem Fall der maximale Eingangsspannungsbereich einzelner Bausteine überschritten werden kann. In diesem Fall benötigen Sie zur Anbindung einen Level-Shifter oder einen Spannungsteiler.

Vorsicht: Bei vielen Bausteinen mit 3,3 V Logik-Pegel führt eine Eingangsspannung über 3,6 V zu einer Beschädigung des Bausteins, wenn dieser in seinem Datenblatt nicht als "5 V tolerant" spezifiziert ist.

Ihnen ist dies alles sicher bewusst, aber ist dieses Wissen auch beim Schaltungsdesign eingeflossen? Bei einer Ihnen fremden Schaltung sollten Sie dies überprüfen.

**Verwendete Logik-Pegel**

Der nächste Schritt ist die Überprüfung, ob alle Signale im gültigen und betriebssicheren Bereich des verwendeten Logik-Pegels liegen. Schließen Sie einen Logikanalysator mit analogen Kanälen an, oder verwenden Sie den Trick, der im Kapitel zur Threshold-Voltage (siehe *"Signale im verbotenen Bereich"*) erklärt wird, um zu überprüfen, ob alle High- und Low-Signale in ihrem benötigten Spannungsbereich liegen.

Selbstverständlich besteht auch die Möglichkeit, dies mit einem Oszilloskop zu überprüfen. Und falls sie ein MSO verwenden, ist dieser Schritt schnell und einfach gemacht.

**Form der Signale**

Wie sieht die Flankensteilheit und Haltezeit der Signale aus?

Die Haltezeit der Signale ist mit einem Logikanalysator gut zu erkennen, bei der Flankensteilheit kann ein Problem allerdings von der Arbeitsweise des Logikanalysators verschleiert werden. Auch hier bietet sich ein Logikanalysator mit analogen Eingängen und hoher Abtastrate, oder ein Oszilloskop an, um dies zu überprüfen.

**Wann wird eine Terminierung notwendig?**

Falls Sie in einem I$^2$C-Bus, mit 400 kHz Geschwindigkeit oder mehr, einmal auf Signale stoßen, die nicht mehr sauber sind, sollten Sie als erstes die Terminierung prüfen. Wenn die Spannung des High-Signals nicht hoch genug ist, um sicher erkannt zu werden, oder nicht schnell genug ansteigt, überprüfen Sie den Wert der Pull-Up Widerstände. Typische Werte dafür sind 4,7 oder 10 kΩ. (Je nach Schaltung und Länge des Busses sollten diese generell im Bereich von 2 bis 10 kΩ liegen.) Falls Sie hier auf einen untypischen Widerstandswert stoßen, haben Sie bei der

Fehlersuche schon einmal einen Ansatzpunkt.
Aber Achtung! Einen zu hohen Widerstandswert können Sie allerdings auch nicht bedenkenlos verringern. Bei der Wahl des Wertes der Widerstände sollte immer sichergestellt werden, dass die maximal erlaubte Stromstärke im I²C-Bus nicht überschritten wird, um die Ausgänge der Bausteine nicht zu überfordern.

**Plausibilität der Wellenform**
Die Wellenform der erfassten Signale sollte plausibel erscheinen. Wenn Sie mit dem zu untersuchenden Protokoll schon etwas Erfahrung haben, werden Sie möglicherweise schon beim Betrachten und Zoomen der dargestellten Wellenform in der Software des Logikanalysators einen Blick dafür entwickelt haben, ob das, was Sie da sehen, *"in Ordnung"* aussieht.

Grundsätzlich schauen Sie bei einem I²C-Protokoll danach, ob der Master eine Start-Condition gesendet hat, ob der Slave alles verstanden hat und ein Acknowledge sendet, und ob zum Schluss die Stop-Condition zu sehen ist und die Datenleitung wieder auf High geht. Das bedeutet, die Kommunikation funktioniert grundsätzlich.

Wenn Ihnen hier irgendwas merkwürdig erscheint, haben Sie einen Anhaltspunkt, in welche Richtung der Fehler weiter zu suchen ist. Falls Sie hier auf ein Problem stoßen, kann die Fehlersuche in zwei Richtungen weitergehen:

Die erste Möglichkeit ist hier erst einmal einen Schritt zurückzugehen und mit einem Oszilloskop die Logik-Pegel und die grundsätzliche Form der Signale zu überprüfen, beispielsweise ob die ansteigenden Flanken verschliffen sind. Wenn Sie eine Ihnen bekannte Schaltung untersuchen, haben Sie diesen Schritt möglicherweise übersprungen.

Die andere Richtung der Fehlersuche ist nun die Analyse des Protokolls mit einem Protokollanalysator. Genau damit machen wir nun in diesem Beispiel weiter.

**Anwenden des I²C-Protokollanalysators**
Überprüfung der Adressen auf dem I²C-Bus

Wenn Sie den I²C-Bus mit dem Logikanalysator erfolgreich aufgezeichnet haben, sehen Sie den erfassten Stream im Fenster der Software.

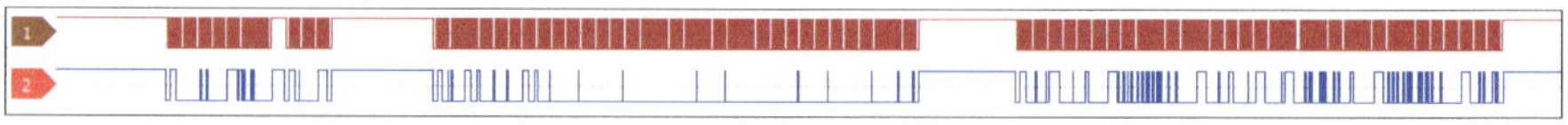

*Bild 3.21 Typische Wellenform eines I²C-Protokolls*

Aktivieren Sie den I²C-Protokollanalysator und stellen Sie *"Clock"* auf den Kanal ein, der mit der SCK-Leitung verbunden ist und *"Data"* auf den Kanal, der mit der SDA-Leitung verbunden ist. Der Protokollanalysator füllt nun die Ergebnistabelle und über der Wellenform im Fenster sollte der Bubble-Stream erscheinen.

Für eine erfolgreiche Analyse sollten Sie wissen, welchen Akteur auf dem Bus Sie gerade betrachten und um welchen Moment der Kommunikation es gerade geht. Deshalb ist Ihr erster Schritt immer die Überprüfung, ob die Adressen der I²C-Bausteine richtig erkannt und angezeigt werden. In diesem Fall sollten Sie im Bubble-Stream die Adresse des Displays mit "3C" oder "0x3C" und die Adresse des Sensors mit "76" oder "0x76" sehen.

**Aufbau der Adressen**

Der Aufbau der Adressen ist recht einfach: In 7-Bit Binärform ist die "3" die "011" am Anfang (MSB) des Byte und das "C" ist die darauffolgende "1100". Am Ende des insgesamt übertragenen Byte (LSB) befindet sich in diesem Fall die "0" für "Write", da auf das Display geschrieben wird.

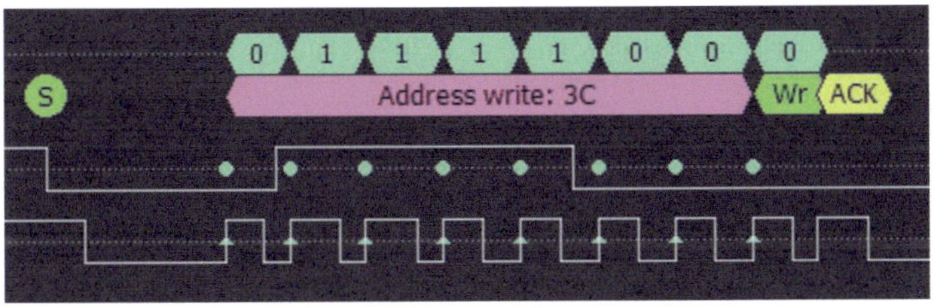


*Bild 3.22 Bubble-Stream einer I²C-Adresse*

**Einstellungen im Protokollanalysator zur Adressdarstellung**

Manche Logikanalysatoren haben ihre Eigenheiten beim Dekodieren der I²C-Adressen. Während die Saleae-Software es standardmäßig richtig macht, muss in der DSLogic-Software und in PulseView die Darstellung der I²C-Adressen auf "shifted" gestellt werden, um eine korrekte Anzeige der Adressen zu erhalten.

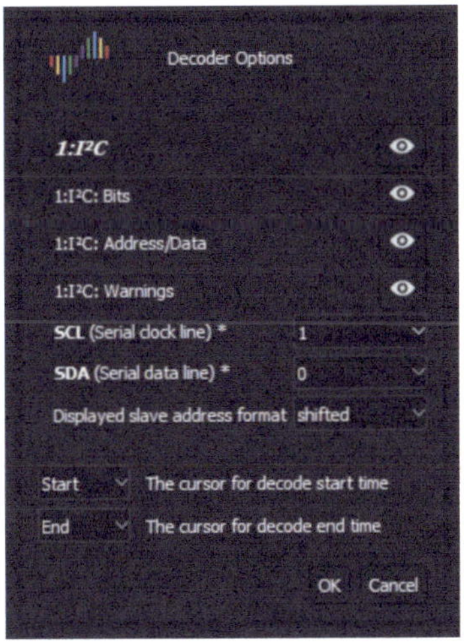


*Bild 3.23 DSView Einstellungen des I²C-Protokollanalysators*

Der Kingst LA1010 Logikanalysator wiederum benötigt in den Einstellungen die Angabe "*7-bit, address bits only*", um die Adressen richtig anzuzeigen.

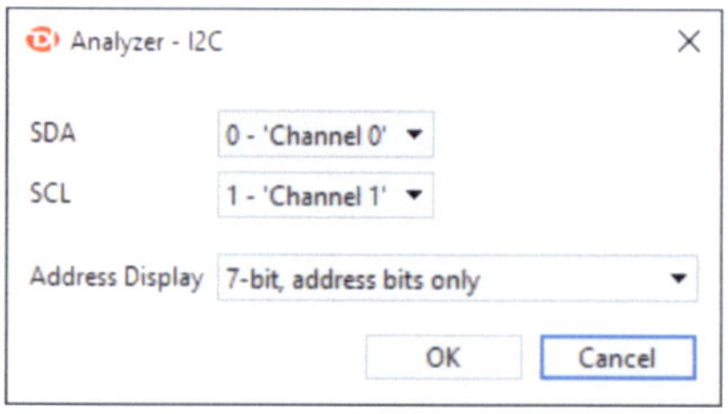


*Bild 3.24 I²C Adresseinstellungen eines Kingst LA1010 Logikanalysators*

Falls Ihr Logikanalysator also die Adressen auf dem Bus nicht korrekt anzeigt, sollten Sie zuerst die richtige Einstellung des Protokollanalysators überprüfen. Wie Sie an den Beispielen zu den Einstellungen der verschiedenen I²C-Protokollanalysatoren sehen konnten, sieht dies bei jeder Software etwas anders aus und verhält sich zuweilen etwas merkwürdig. Probieren Sie einfach ein paar Varianten aus, bis die Adressen sinnvoll dargestellt werden, gegebenenfalls müssen Sie die Bedienungsanleitung Ihres Logikanalysators zurate ziehen.

**Höhere Abtastrate**

Wenn trotz aller Anstrengungen die Adressen auf dem I²C-Bus nicht immer, oder nur manchmal richtig dargestellt werden – obwohl alle Einstellungen stimmen sollten – probieren Sie einmal eine Erfassung mit einer höheren Abtastrate aus. Das wirkt manchmal Wunder ...

Nun sollten alle grundsätzlichen Probleme überwunden sein und Sie können sich die Datensequenz des Sensors einmal anschauen. Suchen Sie in der Ergebnistabelle des Protokollanalysators nach der Adresse des BMP280 Sensors. Im Stream sollte eine Zeile mit "*Address write: 76*" zu finden sein. Klicken Sie mit der Maus auf diese Zeile, die Ansicht der Wellenform springt dann im Ansichtsfenster an die gewünschte Stelle.

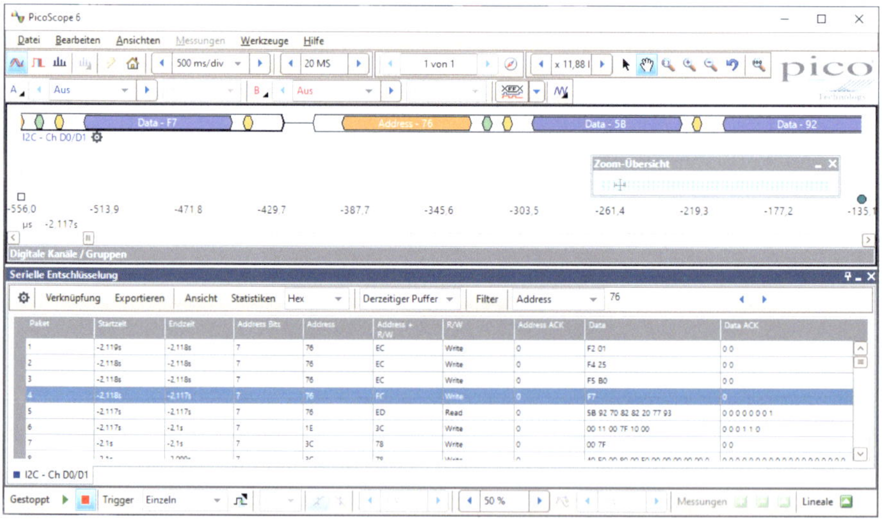


*Bild 3.25 I²C Darstellung eines PicoScope MSO*

Um den Ablauf der Kommunikation zwischen Master und Slave einmal am Beispiel zu verdeutlichen, nehmen wir noch einmal den im vorherigen Kapitel erklärten Ablauf für das Lesen von Daten von einem Slave und gehen diesen Schritt für Schritt durch:

1. **Der Master setzt die Start-Condition (SDA geht von High auf Low, bevor CLK von High auf Low geht) und adressiert den Slave mit dessen Adresse und sendet noch ein Bit, eine 1, um anzuzeigen, dass er Daten empfangen möchte.**

   **Der Slave meldet sich aufgrund seiner Adresse und signalisiert seine Bereitschaft mit einem ACK, einem Bestätigungs-Bit. Eine 0 bedeutet verstanden.**

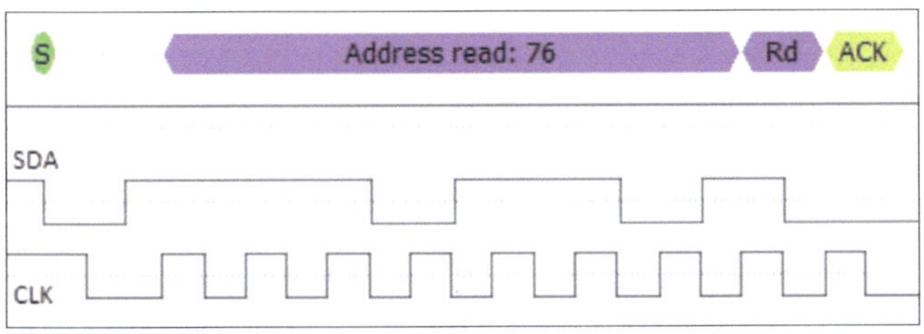


*Bild 3.26 Die Start-Sequenz und nachfolgende Adressierung*

   In dem Bild sieht man genau den Wechsel von High auf Low der SDA-Leitung und den danach folgenden Wechsel von High auf Low der Taktleitung. Dann wird der Sensor adressiert, es folgt ein High-Bit für den Empfang der Daten und das ACK des Sensors.

2. **Der Master sendet die Register-Adresse, die ausgelesen werden soll, gefolgt von einem Bit, eine 0, um anzuzeigen, dass er Lesezugriff haben möchte.**

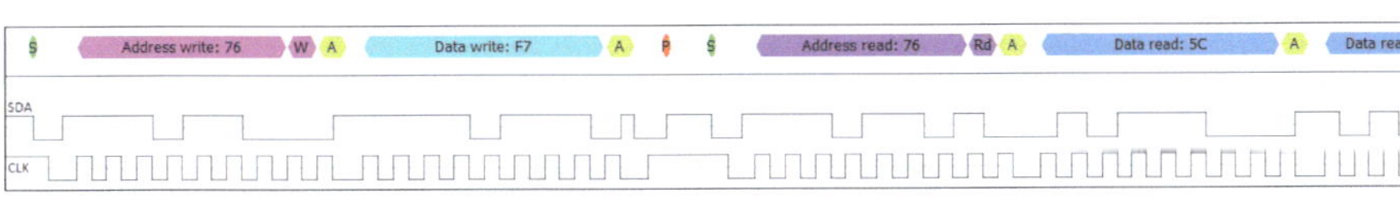


*Bild 3.27 Der Master adressiert die Register Adresse*

Die Adresse des Registers, dass ausgelesen werden soll, lautet "0xF7". Das Datenblatt des BMP280 nennt uns auf Seite 20 auch diese Register-Adresse und beschreibt die Vorgehensweise zum Auslesen der Daten:

### 3.9 Data readout

To read out data after a conversion, it is strongly recommended to use a burst read and not address every register individually. This will prevent a possible mix-up of bytes belonging to different measurements and reduce interface traffic. Data readout is done by starting a burst read from 0xF7 to 0xFC. The data are read out in an unsigned 20-bit format both for pressure and for temperature. It is strongly recommended to use the BMP280 API, available from Bosch Sensortec, for readout and compensation. For details on memory map and interfaces, please consult chapters 3.12 and 5 respectively.

*Bild 3.28 Data-Readout Abschnitt aus dem Datenblatt des BMP280*

3. **Der Master empfängt nun die Daten vom Slave, jedes Datenpaket hat 8-Bit. Nach jedem empfangenen Byte sendet der Master ein Bestätigungs-Bit (ACK). Eine 0 bedeutet die Daten wurden empfangen und alles ist in Ordnung.**

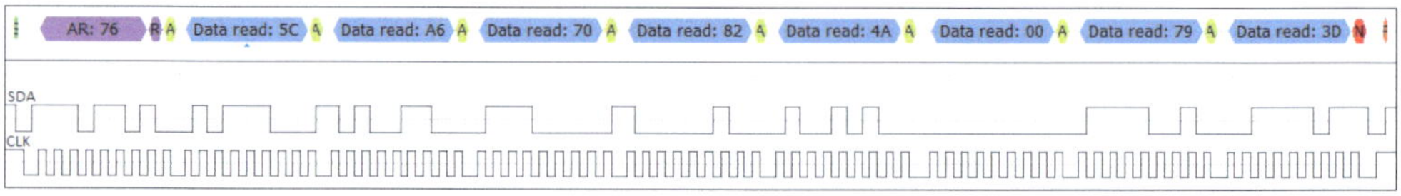


*Bild 3.29 Lesen der Sensordaten*

Hier sieht man die, wie auf einer Perlenschnur aufgereihte, Übertragung der Sensordaten aus den Registern "0xF7" bis "0xFC".

4. **Der Master beendet den Datentransfer mit einem NACK (Bestätigungs-Bit mit einer 1) und setzt die Stop-Condition (SDA geht auf High).**

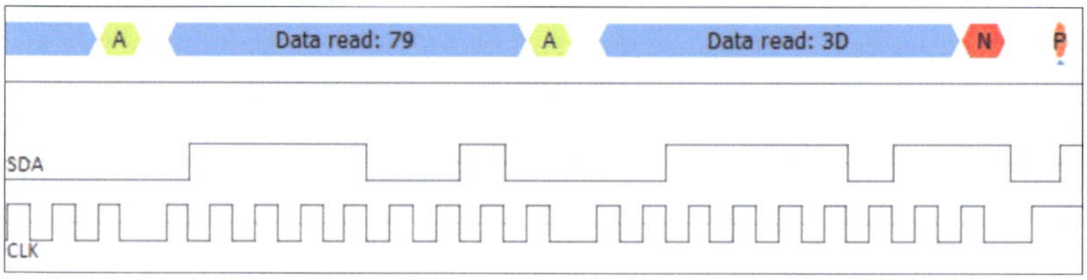


*Bild 3.30 Ende der Datenübertragung*

Nachdem der Master alles empfangen hat, beendet er mit einem NACK die Übertragung und teilt dem SLAVE damit mit, dass keine weiteren Daten übertragen werden müssen. Dann setzt der Master die Stop-Condition.

Wie Sie sehen, ist es mit dem passenden Datenblatt nicht sehr schwierig, gezielt die Kommunikation und Datenübertragung zwischen einem Master und Slave zu finden und mit Hilfe des Protokollanalysators nachvollziehen zu können.

**Noch ein Hinweis:**
Es gibt nicht nur Adressen im 7-Bit Format, sondern bei neueren Bausteinen auch 10-Bit Adressen. Wie diese Adressierung funktioniert, finden Sie unter:
https://www.i2c-bus.org/addressing/10-bit-addressing/

### 3.3.3 Quellcode Wetterstation

```
/*
 * Arduino with SSD1306 OLED display (128x64 Pixel) and BME280 sensor.
 * BME280 is barometric pressure, temperature and humidity sensor.
 * This is a free software with NO WARRANTY.
 */

/*
 * Info:
 * Display Address 0x3C
 * Sensor Address 0x76
 */

#include <Wire.h>              // incl Arduino wire lib (required for I2C devices)
#include <Adafruit_GFX.h>      // include Adafruit graphics library
#include <Adafruit_SSD1306.h> // include Adafruit SSD1306 OLED display driver
#include <BME280I2C.h>         // include Adafruit BME280 sensor library

#define SCREEN_WIDTH 128       // OLED display width, in pixels
#define SCREEN_HEIGHT 64       // OLED display height, in pixels
#define OLED_RESET     -1      // Reset pin # or -1 if sharing Arduino reset pin
Adafruit_SSD1306 display(SCREEN_WIDTH, SCREEN_HEIGHT, &Wire, OLED_RESET);

BME280I2C bme;                 // initialize Adafruit BME280 library

void setup(void)
{
  Wire.begin();
  Wire.setClock(10000L);

  display.begin(SSD1306_SWITCHCAPVCC, 0x3C);

  // clear the display buffer.
  display.clearDisplay();

  display.setTextSize(1);               // text size = 1
  display.setTextColor(WHITE, BLACK);   // text white, background black

  display.setTextWrap(false);           // disable text wrap
  display.setCursor(0, 4);              // move cursor to position (0, 4) pixel
  display.print("W\nE\nA\nT\nH\nE\nR");
  display.setCursor(123, 4);             // move cursor to position (123, 4) pixel
  display.println("S");  display.setCursor(123, display.getCursorY());
  display.println("T");  display.setCursor(123, display.getCursorY());
  display.println("A");  display.setCursor(123, display.getCursorY());
```

```
    display.println("T");  display.setCursor(123, display.getCursorY());
    display.println("I");  display.setCursor(123, display.getCursorY());
    display.println("O");  display.setCursor(123, display.getCursorY());
    display.println("N");
    display.display();                  // update the display

    // initialize the BME280 sensor
    if( bme.begin() == 0 )
    {  // connection error or device address wrong!
      display.setCursor(34, 23);
      display.print("Connection");
      display.setCursor(49, 33);
      display.print("Error");
      display.display();                // update the display
      while(1);                         // stay here
    }

    display.setCursor(29, 0);
    display.print("TEMPERATURE:");
    display.setCursor(38, 23);
    display.print("HUMIDITY:");
    display.setCursor(38, 46);
    display.print("PRESSURE:");
    display.display();                  // update the display

}

char _buffer[12];

void loop()
{
    float temp(NAN), hum(NAN), pres(NAN);

    BME280::TempUnit tempUnit(BME280::TempUnit_Celsius);
    BME280::PresUnit presUnit(BME280::PresUnit_Pa);

    bme.read(pres, temp, hum, tempUnit, presUnit);

   // print all data on the display
   // 1: print temperature
   if(temp < 0)
     sprintf(_buffer, "-%02u.%02u C", (int)abs(temp), (int)(abs(temp) * 100) % 100 );
   else
     sprintf(_buffer, " %02u.%02u C", (int)temp, (int)(temp * 100) % 100 );
   display.setCursor(37, 10);
   display.print(_buffer);
```

```
  // print degree symbols ( ° )
  display.drawRect(75, 10, 3, 3, WHITE);

  // 2: print humidity
  sprintf(_buffer, "%02u.%02u %%", (int)hum, (int)(hum * 100) % 100 );
  display.setCursor(43, 33);
  display.print(_buffer);

  // 3: print pressure
  sprintf(_buffer, "%04u.%02u hPa", (int)(pres/100), (int)((uint32_t)pres % 100) );
  display.setCursor(31, 56);
  display.print(_buffer);

  // update the display
  display.display();

  delay(1000);  // wait a second

}

// end of code
```

## 3.4 Der SPI-Bus

SPI ist ein Bussystem, das von Motorola entwickelt wurde. Es wird in der Regel zum Datenaustausch zwischen einem oder mehreren Mikrocontrollern, oder anderen ICs, wie beispielsweise EEPROMs, eingesetzt.

Motorola hat nie eine Norm oder Standard herausgegeben, das Softwareprotokoll auch nie genau beschrieben, sondern immer nur die Funktionsweise Ihrer Hardware. Da kein Patent angemeldet wurde, ist die Schnittstelle heute lizenzfrei. Aus diesem Grund gibt es auch den Microwire-Bus von National Semiconductor, ein Protokoll das SPI als Basis benutzt, allerdings etwas strikter beim Takt und der damit zusammenhängenden Datenübertragung ist.

Die Datenübertragungsrate beim SPI-Bus ist höher als bei I²C, da ein höherer Takt möglich ist. Bei Arduinos liegt die maximale Taktrate für SPI bei bis zu 20 MHz. Deshalb werden Sie dem SPI-Bus eher in Geräten begegnen, in denen eine größere Menge von Daten gelesen und geschrieben werden, beispielsweise wenn eine SD-Karte in der Schaltung verwendet wird.

**Terminologie**

| **SPI** | **Serial Peripheral Interface** |
|---|---|
| MOSI | Master Out Slave In |
| MISO | Master In Slave Out |
| SS / CS | Slave Select / Chip Select |
| SCK / SCLK | Serial Clock |

**Ablauf einer Datenübertragung**

SPI ermöglicht eine synchrone Datenübertragung, d. h. es können gleichzeitig Daten gesendet und empfangen werden. Bei der SPI-Datenübertragung arbeitet immer ein Teilnehmer des Busses als Master und alle anderen als Slave.

Der Master und die Slaves teilen sich die SCK, MOSI und MISO-Leitungen. Die Slave-Select-Leitung ist dabei eine Einzelverbindung zwischen dem Master und dem jeweiligen angeschlossenen Slave. Wird in der Schaltung nur ein Master und ein Slave verwendet, kann die Slave-Select-Leitung weggelassen werden, in dem Fall werden dann nur drei Leitungen benötigt. Hier bemerken Sie sicher, dass die Adressierung nur ein Signal ohne Rückmeldung ist. Merken Sie sich dieses mögliche Problem für die Fehlersuche, es tritt öfter auf, als Sie denken.

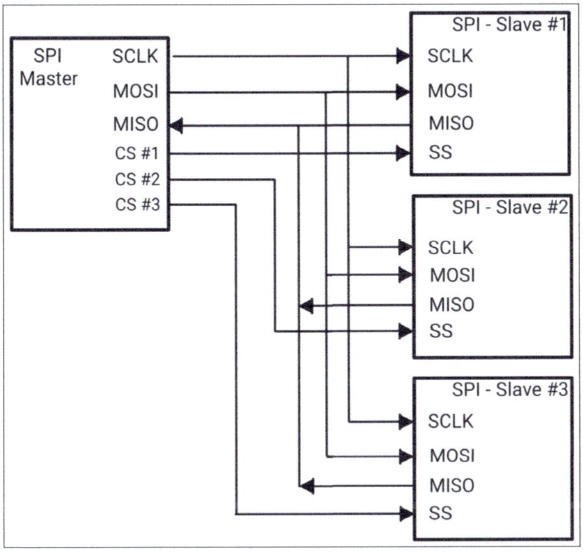


*Bild 3.31 SPI Master/Slave Verbindungen*

Der Master initiiert die Datenübertragung und wählt den Slave aus, indem dieser über die SS (Slave Select)-Leitung aktiviert wird. Alle anderen Slaves bleiben inaktiv. Der Master gibt auf der Leitung SCK den Takt für die Datenübertragung aus und sendet synchron zu diesem Takt die Datenbits auf der MOSI (Master Out Slave In) Leitung.

Die Shift-Register im Master und Slave sind nun verbunden und bilden einen zirkulären Ringpuffer, der Ausgang des einen Registers ist mit dem Eingang des anderen Registers verbunden. Durch den Takt arbeiten sie im SISO-Modus (**S**erial **I**n **S**erial **O**ut). Vor der Datenübertragung werden die Daten im Shift-Register bereitgestellt.

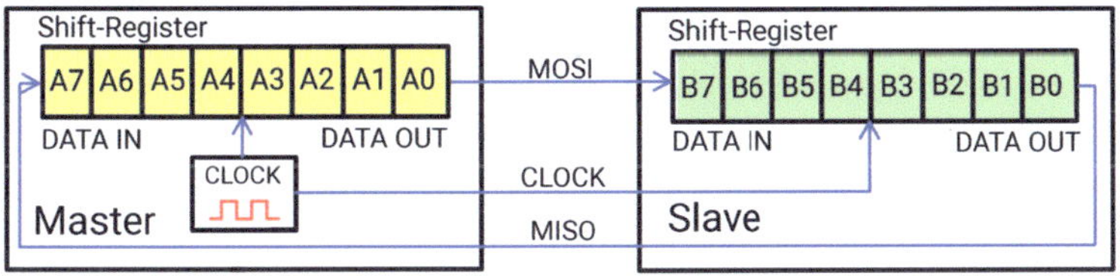


*Bild 3.32 Ringpuffer Datenbereitstellung*

Dann wird die Datenübertragung gestartet. Der Slave sendet seine Datenbits synchron auf der MISO (Master In Slave Out) Leitung. Nach fünf Takten ist ein Teil des Inhalts der beiden Shift-Register ausgetauscht. Der Master hat dann all seine Daten-Bits A0 bis A4 zum Slave gesendet und die Daten des Slave, B0 bis B4, sind zum Master übertragen worden.

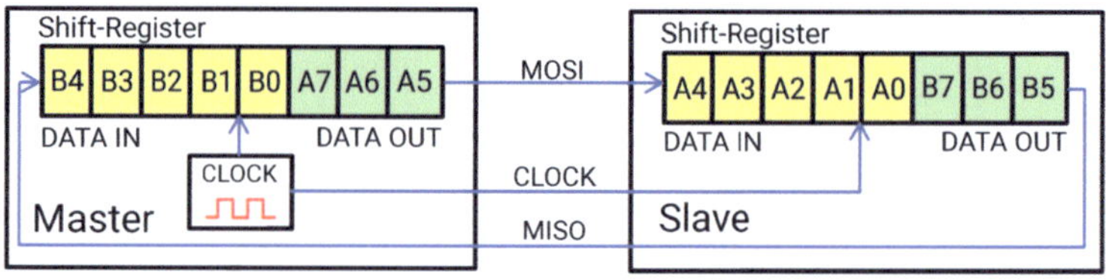


*Bild 3.33 Ringpuffer Datenübertragung*

Nach üblicherweise acht Takten ist der Inhalt der beiden Shift-Register komplett ausgetauscht. Der Master hat dann all seine Daten-Bits A0 bis A7 zum Slave gesendet und die Daten des Slave, B0 bis B7, sind zum Master übertragen worden.

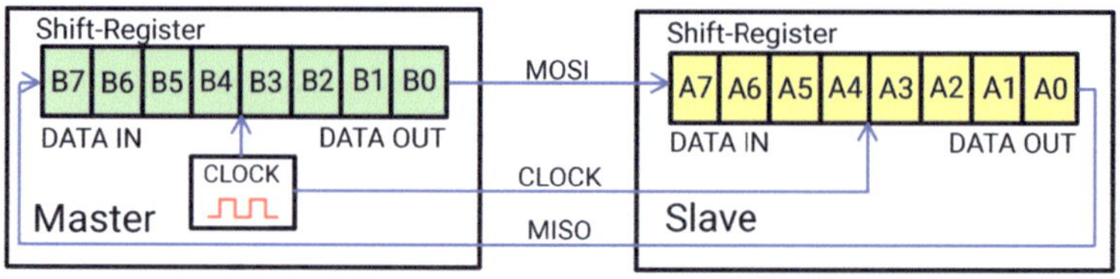


*Bild 3.34 Abgeschlossene Ringpuffer Datenübertragung*

Nach dem Abschluss der Datenübertragung startet der Vorgang wieder von vorne, wenn weitere Daten übertragen werden sollen. Die Shift-Register der Bausteine werden durch ein Puffer-Register vor jeder Datenübertragung gefüllt. Beim Empfang von Daten wird das Puffer-Register wiederum vom Shift-Register gefüllt, nachdem die Übertragung abgeschlossen ist. Das Puffer-Register dient als Übergabepunkt zwischen dem Prozessor und der SPI-Schnittstelle und vereinfacht das Lesen und Schreiben von Daten deutlich, da der Zugriff auf dieselben von der laufenden Datenübertragung entkoppelt sind.

**Aufbau des Protokolls**

Für den Einsatz eines Logikanalysators ist nicht viel grundlegendes Wissen notwendig, da das SPI-Protokoll recht unkompliziert ist und einen "lockeren Standard" darstellt. Um den Bits auf die Spur zu kommen, die Ursache möglicher Probleme auf den Grund gehen zu können, müssen Sie die vier verschiedenen Modi beachten, mit denen ein SPI-Bus laufen kann.

**Datenübertragung**

Um eine Datenübertragung zu beginnen, muss der Master einen Takt ausgeben und auf der passenden CS-Leitung den Slave mit einem Active-Low-Signal auswählen. Das Taktsignal macht aber noch mehr: Bei der Datenübertragung kann die steigende oder fallende Flanke des Taktsignals den Zeitpunkt zur Übertragung der Daten angeben.

**Clock Polarity / Phase**

Der Master kann die *Clock Polarity* und die *Clock Phase* setzen.

Das *Clock Polarity*-Bit ("CPOL") definiert die Polarität, indem dieses Bit während des Idle-State gesetzt wird. Der Idle-State ist der Zeitpunkt, wenn das *Chip-Select*-Signal ("CS") von High nach Low zu Beginn einer Datenübertragung und von Low nach High am Ende einer Datenübertragung wechselt.

Das *Clock Phase*-Bit ("CPHA") definiert, ob die steigende oder die fallende Flanke des Taktsignals zum Übertragen und Auslesen der Daten verwendet werden soll.

Durch das Setzen des CPOL- und CPHA-Bits können so insgesamt vier verschiedene SPI-Modi eingestellt werden. Welcher Modus für welchen Slave benötigt wird, ist aus dem jeweiligen Datenblatt in Erfahrung zu bringen.

Eine Übersicht der SPI-Modus Varianten:

| **SPI-Mode** | **CPOL** | **CPHA** | **Clock Polarity in Idle State** | **Clock Phase Used to Sample and/or Shift the Data** |
|---|---|---|---|---|
| 0 | 0 | 0 | Logic Low | Data sampled on rising edge and shifted out on the falling edge |
| 1 | 0 | 1 | Logic Low | Data sampled on the falling edge an shifted out on the rising edge |
| 2 | 1 | 0 | Logic High | Data sampled on the rising edge and shifted out on the falling edge |
| 3 | 1 | 1 | Logic High | Data sampled on the falling edge and shifted out on the rising edge |

Der SPI-Modus "0" ist oft der Standard und damit immer ein guter Startpunkt für die Einstellung des Protokollanalysators.

**Vor- und Nachteile des SPI-Protokolls**

Der einfache Aufbau, die Full-Duplex-Datenübertragung und die großen Datenmengen, die das SPI-Protokoll bewältigen kann, gehören zu den Vorteilen. Auch die Möglichkeit die 12-Bit eines Temperatursensors in einem Vorgang zu lesen und nicht, wie bei I²C, zwei 8-Bit Lesevorgänge durchzuführen, macht den SPI-Bus einfach schneller. Da die Datenleitungen unidirektional sind, ist eine galvanische Trennung bei SPI deutlich einfacher zu realisieren. Pull-Up Widerstände werden im Gegensatz zum I²C-Bus auch nicht benötigt.

Zu den Nachteilen gehören der größere Verdrahtungsaufwand, es werden mehr I/O-Pins benötigt, und die relativ geringe Reichweite des Busses.

Viele Sensoren werden allerdings nur mit I²C-Schnittstelle angeboten, dann bleibt beim Design der Schaltung kaum eine Wahl.

**Weiterführende Literatur**
Da der Fokus dieses Buches bei der Anwendung eines Logikanalysators liegt, empfehle ich Ihnen für ein tiefer gehendes Verständnis des SPI-Protokolls weiterführende Literatur. Verschiedene Titel finden Sie im Anhang dieses Buches.

### 3.4.1 Raspberry Pi Pico mit grafischem SPI-Display

Die Nutzung eines grafischen Displays an einem Raspberry Pi bietet viele Möglichkeiten, die Darstellung von Daten interessant und ansprechend zu machen. Man ist nicht nur auf die Darstellung von Zahlen beschränkt, es ist auch möglich Skalen, Zeiger und Graphen anzuzeigen und so ein Gerät mit einem hübschen Display deutlich aufzuwerten.

Falls Sie keine geeignete Schaltung mit SPI-Protokoll haben, um eine Analyse des Protokolls einüben zu können, bietet diese Schaltung mit CircuitPython einen schnellen Einstieg in die Verwendung eines solchen Display-Moduls.

**Benötigte Komponenten**

- Raspberry Pi Pico
- TFT Display mit 160x128 Pixel
- Breadboard
- Drahtbrücken

**Verdrahtung**
Als Hardware benötigen Sie einen Raspberry Pi Pico und ein 1,8" TFT-Display mit 160x128 Pixel Auflösung und ST7735 Controller. Die Schaltung bauen Sie auf einem Breadboard auf, wie in der nachfolgenden Skizze gezeigt:

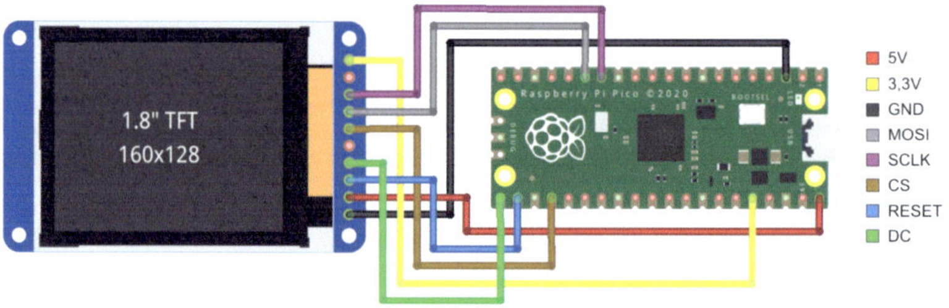


*Bild 3.35 Verdrahtung Pico zu SPI-Display*

Zwischen Pico und dem Display sind acht Verbindungen nötig. Das Display benötigt eine 3,3 V Stromversorgung für die Hintergrundbeleuchtung. Ohne diese Beleuchtung kann nichts auf dem Display erkannt werden.

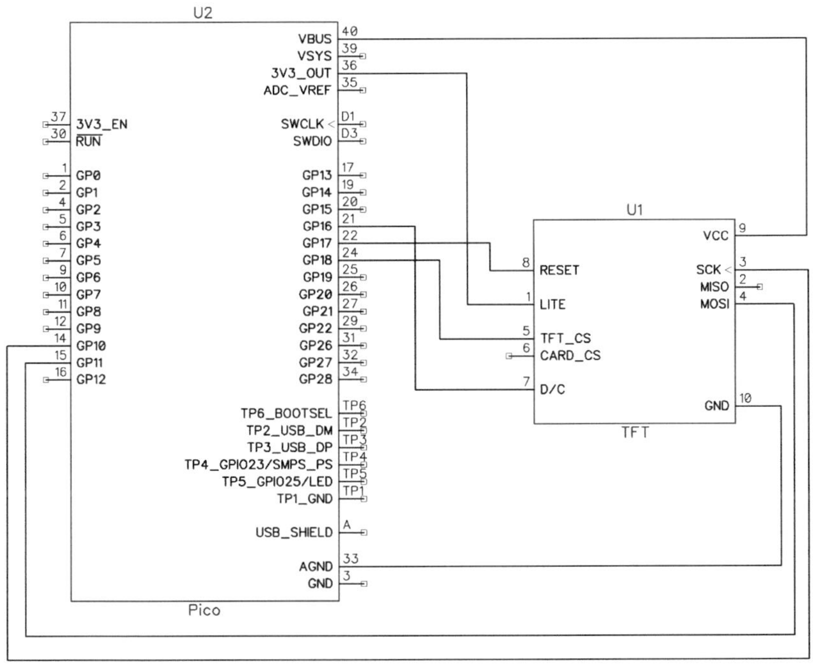


*Bild 3.36 Schaltplan eines Pico mit angeschlossenem TFT-Display*

- Stellen Sie für die Stromversorgung der Hintergrundbeleuchtung eine Verbindung zu Pin 37 des Pico her.

- Für GND gibt es mehrere Anschlüsse am Pico. Sie sind alle gleichwertig, suchen Sie sich den am günstigsten liegenden aus.

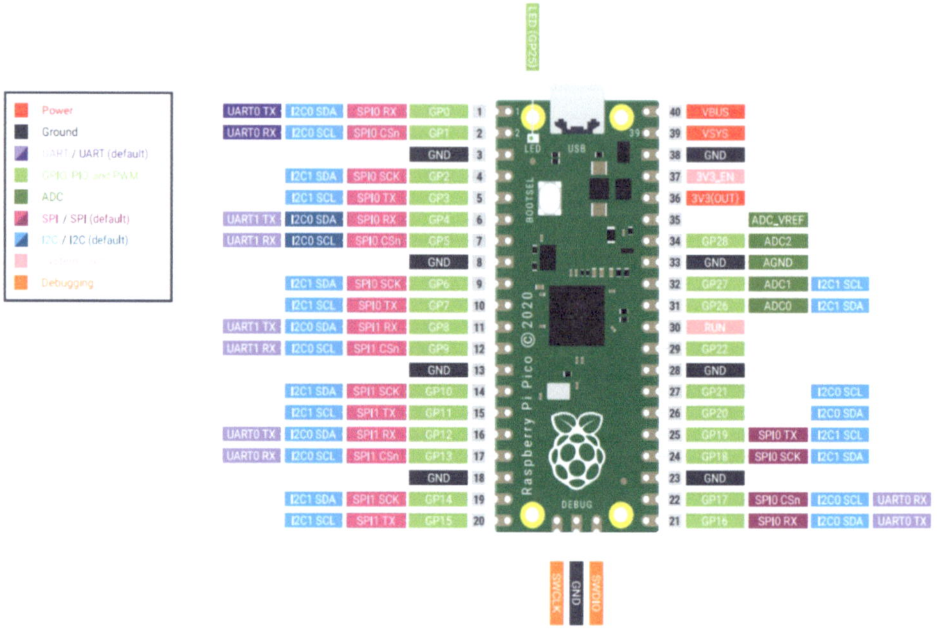


*Bild 3.37 Pinout des Raspberry Pi Pico*

**Funktionsweise**

Auf dem Display wird nur ein "Hello World"-Text angezeigt. Falls Sie noch weitere Daten darstellen wollen, können Sie in einem zweiten Schritt den internen Temperatursensor des Pico verwenden. Aber zuerst sollten Sie das Display testen und grundsätzlich funktionsfähig bekommen. Genau hier liegt oft das Problem bei grafischen Displays, bei weniger verbreiteten Modellen ist es oft schwierig, eine passende Bibliothek zu finden. In diesem Fall ist es einfach, das Display verwendet den weit verbreiteten ST7735 Chip, für den es fertige Bibliotheken zur Ansteuerung gibt. Der einfachste Weg alle benötigten Bibliotheken und Treiber für das Display für den eigenen Quellcode zur Verfügung zu haben, ist die Verwendung von CircuitPython, eine Variante von MicroPython.

Bereitgestellt wird CircuitPython von der Firma Adafruit, die auch eine breite Auswahl an Hardware-Modulen für Maker haben. Wenn Sie schon mit einem Raspberry Pi oder Pico gebastelt haben, wird Ihnen das Angebot von Adafruit schon bekannt sein.

Die breite Auswahl an Beispielen und Bibliotheken die Adafruit zu ihren Produkten anbietet, machen wir uns hier zu Nutze und verwenden deren Bibliothek zur Ansteuerung des Displays.

**Quellcode**

Der Quellcode für die Ansteuerung des Displays finden Sie im Anhang dieses Kapitels, oder auf der Webseite des Buches.

**Wie wird ein Raspberry Pi Pico programmiert?**
Um mit dem Quellcode zu arbeiten und um Ihren Pico damit zu bespielen, eignet sich die Entwicklungsoberfläche Thonny sehr gut. Diese IDE ist auch für Anfänger in der MicroPython Programmierung geeignet.
Richten Sie Ihren Pico, für die Nutzung dieses grafischen Displays, mit CircuitPython ein. Wie das funktioniert und wie Sie Thonny einrichten und verwenden, finden Sie im Anhang des Buches unter "Pico und Thonny mit CircuitPython.
Später im Buch wird auf dem Pico der MicroPython-Interpreter genutzt. Für die Einrichtung dessen gibt es auch einen eigenen Abschnitt im Anhang, der dies erklärt. Aber egal ob sie nun einen CircuitPython- oder MicroPython-Interpreter auf Ihrem Pico eingerichtet haben, die verwendete Programmiersprache heißt in beiden Fällen MicroPython.

Laden Sie den Quellcode mit Thonny und speichern sie ihn als "code.py" auf dem internen Speicher des Pico ab. Wenn eine Quellcode-Datei diesen Namen hat, wird sie beim Start des Pico automatisch geladen und das Programm startet.

Selbstverständlich können Sie das Programm auch selbst schreiben, es gibt im Internet einige Beispiele und Vorlagen für den Sensor und das Display. Wenn Sie aber ein Anfänger in der Programmierung sind, oder einfach Zeit sparen wollen, können Sie gerne den bereitgestellten Quellcode verwenden.

**Die Arbeitsweise der Software**
Der Quellcode ist einfach aufgebaut. Nach der Initialisierung des Displays und der Zuordnung des Display-Bus zu den am Pico verwendeten SPI-Pins wird zuerst ein grüner Hintergrund gezeichnet, dann eine etwas kleinere violette Box und darin letztendlich der "Hello-World"-Text.

Damit Ihr "Hello World"-Programm funktioniert, müssen Sie mehrere Bibliotheken auf den Pico kopieren, die dann im Quellcode verwendet werden:

```
from adafruit_st7735r import ST7735R
from adafruit_display_text import label
```

Diese Bibliotheken finden Sie im Adafruit-CircuitPython-Bundle auf deren Webseite. Die hier im Buch verwendete Version hatte den Namen: "adafruit-circuitpython-bundle-7.x-mpy-20221031".

Der SPI-Bus zwischen Display und Pico benutzt folgende Pins:

```
mosi_pin = board.GP11
clk_pin = board.GP10
reset_pin = board.GP17
cs_pin = board.GP18
dc_pin = board.GP16
```

Wenn das Display nun wie gewünscht funktioniert, widmen wir uns der Untersuchung des SPI-Protokolls mit dem Logikanalysator.

## 3.4.2 SPI-Analyse

**Was ist zu erwarten?**

Wie sieht das Zusammenspiel der Komponenten generell aus? Was ist zu erwarten, wenn Sie einen Logikanalysator anschließen möchten?

Das SPI-Protokoll ist recht einfach aufgebaut und das kommt einem bei der Analyse des Protokolls entgegen:

- Es gibt keine Adressen, die CS-Leitung wählt den Slave aus.
- Die Datenübertragungsrate ist rein von der Taktfrequenz bestimmt, es gibt dabei kein Limit und keine "festen" Vorgaben.
- Die Datenleitungen sind unidirektional, dass macht die Auswahl der Punkte zum Abgreifen der Signale einfach.

Die Beispielschaltung hat mit dem TFT-Display als einzigem Teilnehmer auf dem Bus folglich nur zwei Beteiligte in der Kommunikation. Diese Kommunikation ist auch noch überschaubar, weil auf das Display nur geschrieben wird. Die Logik-Pegel laufen mit 5 V und nur die Display-Hintergrundbeleuchtung wird mit 3,3 V angeschlossen. Es gibt also keine Spannungen, die dem Logikanalysator gefährlich werden können.

**Anschluss des Logikanalysators**

Nun schließen Sie die Tastköpfe des Logikanalysators an den SPI-Bus an.

Einer, oder mehrere Anschlüsse des Logikanalysators sind mit "GND" oder "G" beschriftet, dies ist die Masseverbindung. Schließen Sie daran einen schwarzen Tastkopf mit Clip an. Drei weitere Tastköpfe werden an "CH0", "CH1" und "CH2" (oder "0", "1" und "2"), den ersten drei Kanälen des Logikanalysators angeschlossen.

Der Logikanalysator wird nun mit diesen drei Punkten verbunden:

1. Zuerst wird die Masseverbindung an GND angeschlossen.
2. Der erste Kanal wird an GP11 (MOSI) angeschlossen.
3. Der zweite Kanal wird an GP10 (SCLK) angeschlossen.
4. Der dritte Kanal wird an GP18 (CS) angeschlossen.

Da das Display nur Daten empfängt, ist der MISO Rückkanal nicht vorhanden und muss nicht angeschlossen werden. Würden wir einen Baustein verwenden, der auch Daten bereitstellt, beispielsweise einen Sensor, dann müsste ein weiterer Kanal des Logikanalysators an dieser Leitung angeschlossen werden.

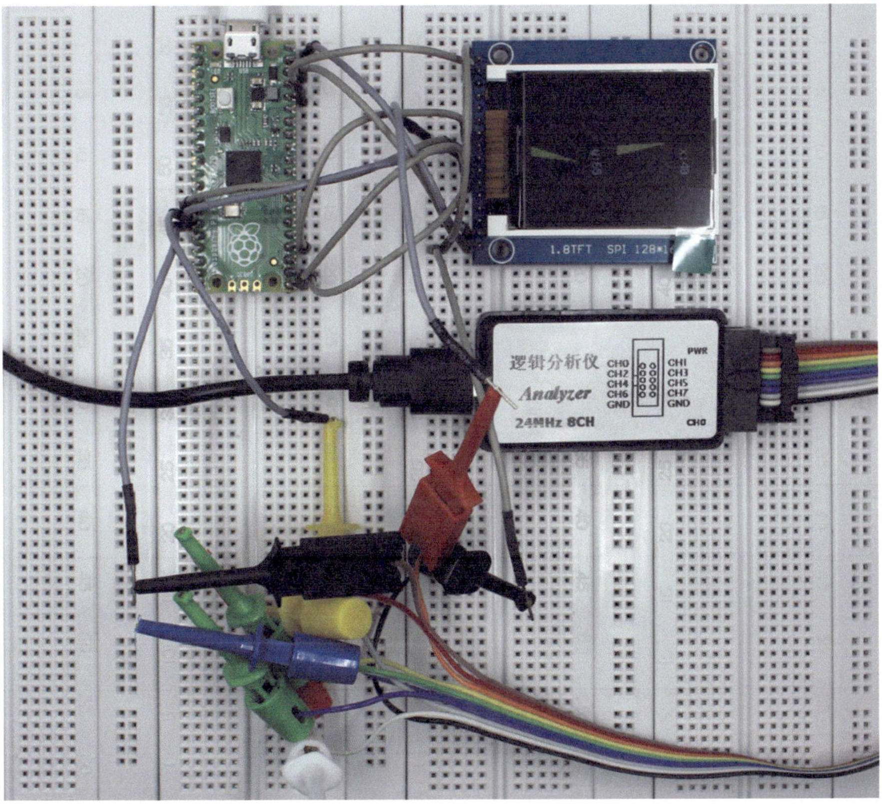


*Bild 3.38 Anschluss des Logikanalysators an den Pico zur Protokollanalyse*

Danach verbinden wir den Logikanalysator mit dem USB-Anschluss des Computers, verbinden auch den Arduino mit seinem USB-Anschluss und öffnen die Software des Logikanalysators, um die erste Protokollerfassung zu starten. Starten Sie eine etwa fünf Sekunden lange Aufzeichnung und zoomen Sie sich die erfasste Wellenform der Signale auf dem Bildschirm zurecht.

*Bild 3.39 Der aufgezeichnete Stream zeigt Signal-Aktivitäten auf allen angeschlossenen Kanälen*

## Die Protokoll-Analyse

Um das aufgezeichnete SPI-Protokoll zu entschlüsseln, können Sie einen Protokollanalysator aktivieren. Wählen Sie dazu in der Software den SPI-Analyzer/Decoder aus, und konfigurieren Sie ihn entsprechend der angeschlossenen Kanäle.

Bei zwei meiner Logikanalysatoren sieht das entsprechende Einstellungsmenü so aus, bei Ihrer Software wird das ganz ähnlich einzustellen sein.

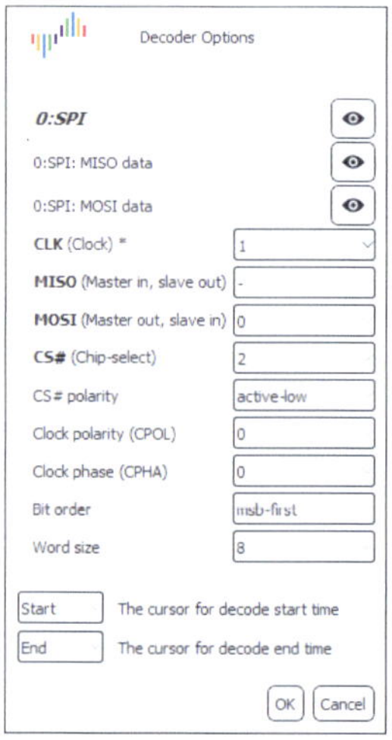


*Bild 3.40 DSView SPI Einstellungen eines DSLogic Logikanalysators*

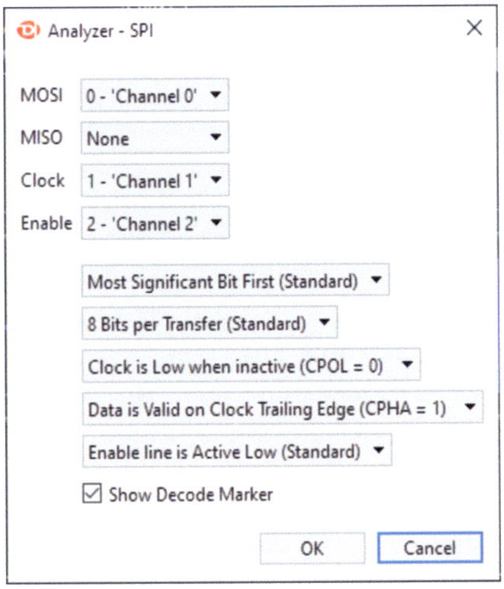


*Bild 3.41 Kingst SPI Einstellungen des LA1010 Logikanalysators*

Der Protokollanalysator sollte nun die Darstellung der Datenübertragungen an das TFT-Display aktualisieren und den Inhalt entschlüsselt in einer übersichtlichen Tabelle auflisten.

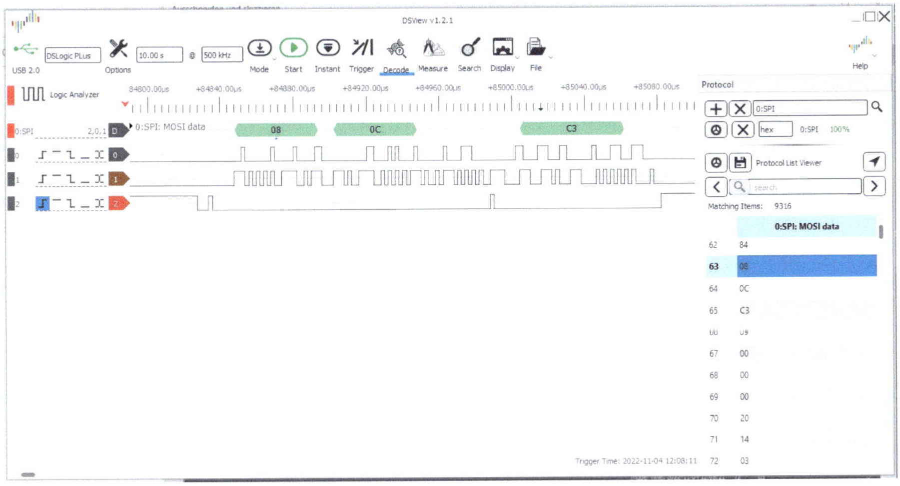


*Bild 3.42 Die aufgezeichnete SPI-Datenübertragung zum TFT-Display*

Damit ist alles einsatzbereit für eine tiefer gehende Analyse, wie sie bei einer Fehlersuche notwendig ist.

**Die Fehlersuche**

Die Fehlersuche bei einem SPI-Bus startet wieder mit einer strukturierten Vorgehensweise und den grundlegenden Überprüfungen. Wie schon bei der Fehlersuche im I²C-Protokoll besprochen starten Sie mit diesen vier Punkten:

- Design der Schaltung
- Verwendete Logik-Pegel

- Flankenanstieg und Haltezeit der Signale
- Plausibilität der erfassten Wellenform

**Design der Schaltung**
Der in dieser Schaltung verwendete Logik-Pegel beträgt 5 V. Ist Ihr Logikanalysator dafür korrekt eingestellt, stimmt die threshold-voltage?

Wo und wie verlaufen die Leitungen, deren Signale wir abgreifen wollen? Bei einem Aufbau mit einem Breadboard sind die Tastköpfe des Logikanalysators einfach anschließbar. Wie sieht es bei einer Schaltung auf einer Platine aus? Wo wären die besten Kontaktpunkte, um mit den Tastköpfen die Signale abzugreifen? Wie würden Sie die Signale abgreifen? Mit angelöteten Drähten oder lieber mit Pogo-Pins?

Ein paar Beispiele, wie ein sicherer Abgriff der Signale erfolgen kann, finden Sie im Kapitel 4.7 "Der richtige Kontaktpunkt".

**Form der Signale**
Wie ist die Signalqualität, sind die Flanken sauber?

Werden die nötigen Pegel und der Threshold-Level erreicht, liegt alles in einem betriebssicheren Bereich?

Wird mit dem Chip-Select-Signal der richtige Kommunikationspartner ausgewählt und wird diesem genug Zeit eingeräumt, bis die Datenübertragung beginnt?

Ist die Taktleitung sauber und wird diese nicht durch nahegelegene Leitungen auf der Platine gestört? Falls Sie einen Verdacht haben, weil ein merkwürdiger Takt auf der Clock-Leitung zu sehen ist, oder sogar auf der CS-Leitung, dann sollten Sie gegebenenfalls mit einem Oszilloskop diese Leitungen und die benachbarten Leiterbahnen genauer untersuchen.

Hier bei dieser Experimentierschaltung, wenn die Schaltung auf einem Breadboard aufgebaut ist, rechnen Sie immer mit wackeligen Kontakten bei den Drahtbrücken.

**Plausibilität der Wellenform**
Die Wellenform der erfassten Signale sollte plausibel erscheinen. Wenn Sie mit dem zu untersuchenden Protokoll schon etwas Erfahrung haben, werden Sie möglicherweise schon beim Betrachten und Zoomen der dargestellten Wellenform in der Software des Logikanalysators einen Blick dafür entwickelt haben, ob das, was Sie da sehen, *"in Ordnung"* aussieht.

Grundsätzlich schauen Sie bei einem SPI-Protokoll danach, ob der Slave durch den Master mit einem Signal auf der CS-Leitung ausgewählt wurde, ob der Master ein Taktsignal sendet und ob die CS-Leitung zum Schluss wieder ihren Pegel ändert.

**Ähnlichkeiten bei der Fehlersuche**

Einige dieser Hinweise kommen Ihnen sicher schon aus dem I²C-Kapitel zur Fehlersuche bekannt vor. Werfen Sie da ruhig nochmal einen Blick hinein. Tatsächlich ähneln sich diese grundsätzlichen Prinzipien bei der Fehlersuche in digitalen Signalen immer, egal, um welches Protokoll es sich handelt.
Bei jeder Fehlersuche der Protokolle hier im Buch wird sich etwas zu Ihrem Repertoire hinzufügen. Zum Schluss werden Sie mit jedem Protokoll sicher umgehen können.

### Stolperfallen beim SPI-Protokoll

Der SPI-Modus kann für etwas Verwirrung bei der Protokollanalyse sorgen, falls nicht der Modus "0" mit "CPOL 0" und "CPHA 0" verwendet wird. Schauen Sie im Zweifel nochmal in das Datenblatt des in Frage stehenden Bauteils nach.

Bei einem Protokollanalysator, von einem der in diesem Buch verwendeten Logikanalysatoren, scheint in den Einstellungen zu dem SPI-Modus eines der Bits invertiert implementiert zu sein. Wahrscheinlich wird dies in der nächsten Softwareversion gefixt sein, aber dies zeigt, dass auch ein Messinstrument einen Fehler haben und so eine Fehlersuche erschweren kann. Bleiben Sie also bei einer Fehlersuche gegenüber jedem beteiligten Gerät misstrauisch.

**AVR-Mikrocontroller**

Sehr oft wird bei Projekten ein AVR-Mikrocontroller eingesetzt, von denen die größeren AT90- und die ATmega-Varianten eine SPI-Schnittstelle besitzen. Achten Sie bei der Verwendung dieses Mikrocontrollers darauf, den CS-Pin der SPI-Schnittstelle als Ausgang zu definieren. Wenn dieser nicht explizit als Ausgang gesetzt wird, steht er potenziell für den Multimaster-Modus bereit - auch wenn kein Multimaster-Betrieb in der Schaltung vorgesehen ist - und so kann bei ungünstigen Spannungspegeln an diesem Pin der AVR ungewollt vom Master zum Slave umschalten.

### Anwenden des SPI-Protokollanalysators

Wenn Sie den SPI-Bus mit dem Logikanalysator erfolgreich aufgezeichnet haben, sehen Sie den erfassten Stream im Fenster der Software. Der Protokollanalysator hat den aufgezeichneten Datenstrom automatisch analysiert und die Darstellung der Wellenform ist um einen Bubble-Stream ergänzt worden. Wenn Sie nicht Pulseview verwenden, ist an der rechten Seite des Fensters auch eine tabellarische Aufstellung der Daten zu sehen.

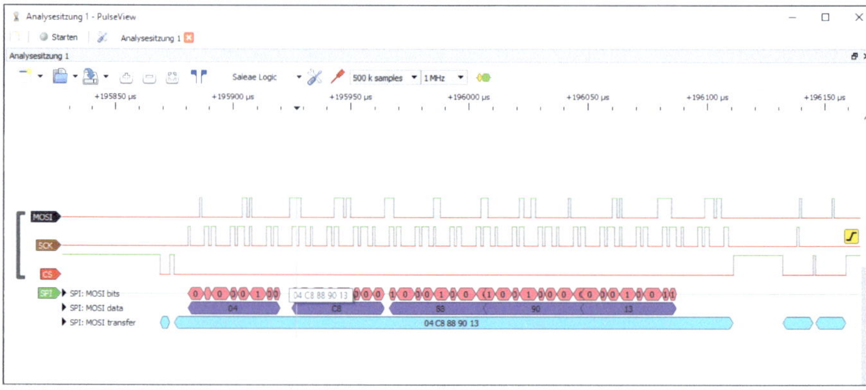


*Bild 3.43 Bubble-Stream des SPI-Signals in der Pulseview Software*

Nun sollten alle grundsätzlichen Probleme überwunden sein und Sie können mit der ersten Analyse der Aufzeichnung beginnen.

**Die Analyse eines SPI-Protokolls**

Das soeben aufgezeichnete Sample können Sie nun auch für eine Analyse des SPI-Protokolls verwenden. Zoomen Sie sich den Anfang eines Datenblocks heran und betrachten Sie im Detail, was Sie da sehen. Sie werden erkennen können, wie sich die Blöcke der Datenübertragung gruppieren und wie das Chip-Select- und Takt-Signal dazu im Verhältnis steht.

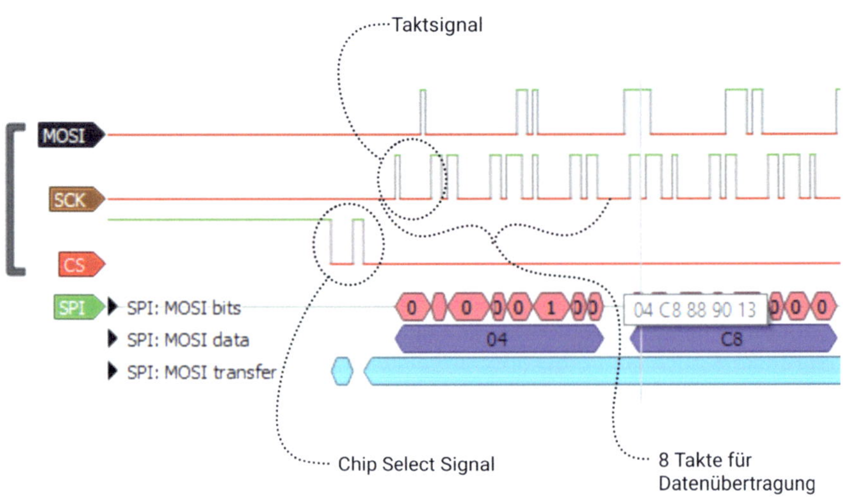


*Bild 3.44 Detailansicht der Chip-Select- und Taktsignals im Verhältnis zueinander*

**Das Taktsignal:**

- Das Taktsignal ist für die Datenübertragung notwendig. Liegt kein Taktsignal an, findet gerade keine Datenübertragung statt.

- Die Anzahl der Takte gibt einem Aufschluss darüber, wie viele Bits übertragen werden. In diesem Fall sind acht Takte zu sehen, was auf eine 8-Bit Datenübertragung schließen lässt. Solch eine Datenübertragung kann je nach beteiligten Bausteinen bis zu 64-Bit lange Sequenzen haben.

- Wenn Sie eins der übertragenen Bits in dieser Sequenz näher heranzoomen, werden Sie erkennen können, in welchem Modus das SPI-Protokoll läuft. In diesem Fall sollten Sie den Modus 0 erkennen können, in dem das Datenbit mit der steigenden Flanke des Taktsignals erfasst wird und bei fallender Flanke geshiftet wird.

**Das Chip-Select-Signal:**

- Das CS-Signal arbeitet in diesem Fall mit "active low". Das bedeutet, auf der Signalleitung, die das Display aktiviert liegt im Ruhezustand ein High-Pegel. Wenn das Display für eine Datenübertragung aktiviert wird, wechselt die CS-Leitung auf Low.

- Das CS-Signal muss auf der Leitung liegen, die zum Display führt. Viele Fehler mit nicht laufenden Datenübertragungen resultieren von falsch zugeordneten CS-Leitungen oder nicht erfolgten Aktivierungssignalen.

- Da der Master des SPI-Bus keine Rückmeldung über die erfolgreiche Aktivierung eines angeschlossenen Bausteins hat, kann er auch eine Datenübertragung ins Leere machen, wenn durch das CS-Signal kein Baustein aktiviert wurde. Oder aber ein falscher Baustein wurde angesprochen und unsinnige Daten kommen zurück

Die Analyse des Takts und die Überprüfung, ob der richtige Baustein durch das CS-Signal aktiviert wurde, sind immer die ersten Schritte bei der Detailbetrachtung eines SPI-Protokolls.

### 3.4.3 Quellcode SPI-Display

```
# Raspberry Pi Pico and SPI Display

import board,busio
from time import sleep
from adafruit_st7735r import ST7735R
import displayio
import terminalio
from adafruit_display_text import label

mosi_pin = board.GP11
clk_pin = board.GP10
reset_pin = board.GP17
```

```
cs_pin = board.GP18
dc_pin = board.GP16

displayio.release_displays()
spi = busio.SPI(clock=clk_pin, MOSI=mosi_pin)
display_bus = displayio.FourWire(spi, command=dc_pin, chip_select=cs_pin,
reset=reset_pin)
display = ST7735R(display_bus, width=128, height=160, bgr = True)
splash = displayio.Group()
display.show(splash)

color_bitmap = displayio.Bitmap(128, 160, 1)
color_palette = displayio.Palette(1)
color_palette[0] = 0x00FF00  # Bright Green

bg_sprite = displayio.TileGrid(color_bitmap, pixel_shader=color_palette, x=0, y=0)
splash.append(bg_sprite)

# Draw a smaller inner rectangle
inner_bitmap = displayio.Bitmap(118, 150, 1)
inner_palette = displayio.Palette(1)
inner_palette[0] = 0x000000  # Black
inner_sprite = displayio.TileGrid(inner_bitmap, pixel_shader=inner_palette, x=5, y=5)
splash.append(inner_sprite)

# Draw a label
text_group = displayio.Group(scale=1, x=11, y=24)
text = "Hello World!\n\nThis is a sample\ntext!\n\nEverything is \nworking fine."
text_area = label.Label(terminalio.FONT, text=text, color=0xFFFFFF)
text_group.append(text_area)  # Subgroup for text scaling
splash.append(text_group)

while True:
    pass

# end of code
```

## 3.5 UART / RS-232

Der **U**niversal **A**synchronous **R**eceiver **T**ransmitter (UART) ähnelt dem I²C-Protokoll. Zwischen den Teilnehmern der Kommunikation wird kein Takt gesendet, es handelt sich um eine asynchrone Datenübertragung.

Bekannt ist das UART-Protokoll in seiner Verwendung als serielle Schnittstelle, die RS-232 Schnittstelle, wie sie früher beim PC verbreitet war.

Während aber die UART-Schnittstelle eine allgemeine Implementation der seriellen Übertragung von Daten ist und ein Teil der Hardware eines Mikrocontrollers, ist das RS-232 ein Kommunikationsprotokoll, welches mit einem Treiberbaustein über die DB9-Buchse für Peripheriegeräte genutzt wird.

### UART und RS-232/422/485

Die UART-Schnittstelle des Mikrocontrollers wird mit internen Registern konfiguriert und bietet eine serielle Datenübertragung zur außen liegenden Interfaceschaltung hin. Zwischen Mikrocontroller und Interfaceschaltung, in der meist ein MAX232 als Pegelwandler arbeitet, haben die Signale noch den Logik-Pegel des Mikrocontrollers. Nach dem Pegelwandler arbeitet die serielle Schnittstelle dann mit den Signal-Pegeln der RS-232 Norm, d.h. mit ±12 V und invertierter Logik.

UART und RS-232 werden oft als Synonym verwendet, sie sind aber nicht das Gleiche. Während der RS-232 Standard alles Elektrische genau definiert, also Spannungen, Flanken-Anstiegszeiten und Abfallzeiten, die zu verwendenden Buchsen und Stecker, ist der UART ein Stück Hardware, integriert in einem Mikrocontroller oder Mikroprozessor, welches dass serielle Protokoll an sich implementiert.

Durch diese Entkopplung war es einfach, weitere serielle Protokolle, wie RS-422 und RS-485, nutzen zu können. Die Programmierung der seriellen Kommunikation wurde durch den UART einheitlich, während die elektrische Umsetzung der vom Gerät angebotenen seriellen RS-232/422/485-Schnittstellen durch die Elektronik in der Peripherie realisiert wurden.

### Terminologie

| | |
|---|---|
| UART | **U**niversal **A**synchronous **R**eceiver **T**ransmitter |
| TxD | transmitted data |
| RxD | received data |
| Baud | Einheit für die Symbolrate einer Datenübertragung |
| LSB / MSB | Bitwertigkeit |
| RS-232 | **R**ecommended **S**tandard **232** für eine serielle Schnittstelle |
| RS-422 | Schnittstellennorm für eine differentielle serielle Datenübertragung |
| RS-485 | Schnittstellennorm für eine asynchrone serielle Datenübertragung auf einer symmetrischen Leitung |

**Das Protokoll**
Das UART-Protokoll ist sehr einfach aufgebaut, es werden zwei Datenleitungen verwendet, eine zum Senden (TxD) und eine zum Empfangen (RxD). Da es ein asynchrones Protokoll ist, wird kein Takt zwischen den beiden Kommunikationspartnern verwendet, sondern ein Start- und Stop-Bit. UART kann nur mit zwei Teilnehmern kommunizieren, es ist eine Punkt-zu-Punkt-Verbindung.

**Ablauf einer Datenübertragung**

- Nachdem der Empfänger das Start-Bit (Low) empfangen hat, beginnt er die Daten seinzulesen.

- Die Daten werden dann in einem 8-Bit LSB (***l***_east_ ***s***_ignifikant_ ***b***_it_) Datenpaket gesendet, es folgt ein Parity-Bit zur Fehlerüberprüfung und dann ein oder zwei Stop-Bits (High)

Das Parity-Bit gibt an, ob die übertragenen High-Bits eine gerade oder ungerade Anzahl waren. Ein "0" für das Parity-Bit bedeutet ungerade, eine "1" bedeutet eine gerade Anzahl an High-Bits wurde in diesem Paket gesendet.

Die Geschwindigkeit, mit der die Daten gesendet werden, wird mit der sogenannten Baud-Rate festgelegt. Diese darf sich maximal 10 % zwischen den beiden Geräten unterscheiden. Die Baudrate bezeichnet die Datenübertragungsgeschwindigkeit, bei der aber nicht nur die Symbole zur Datenübertragung, sondern auch die Symbole zur Synchronisation mitgerechnet werden.

**Baud und Bit**
Bei der Analyse von seriellen Signalen muss man aber im Hinterkopf behalten, dass es viele Protokollvarianten gibt und dass ein Baud nicht zwingend einem Bit entspricht. Je nach Übertragungsverfahren kann eine Signaländerung auch mehr als eine einzige Informationseinheit übertragen, wenn beispielsweise mit verschiedenen Spannungspegeln gearbeitet wird. Bei analogen Modems nach V.34-Standard werden beispielsweise im Schnitt 8,4 Bit pro Baud übertragen.

In der Praxis findet man zumeist Geschwindigkeiten von bis zu 115200 Baud vor. Die Übertragungsart wird dann beispielsweise mit "115200 8N1" bezeichnet. Ein Datenwort hat also **8** Datenbits, kein (**N**) Paritätsbit und **1** Stoppbit.

### 3.5.1 Raspberry Pi Pico und die serielle Datenübertragung

Eine serielle Übertragung von Daten mit einer UART-Schnittstelle ist immer noch weit verbreitet in der Welt der Mikrocontroller. Es ist ein sehr einfaches Protokoll und ein Relikt der Nachrichtentechnik. Solch eine serielle Verbindung ist nach heutigen Maßstäben nicht schnell, aber jeder Mikrocontroller kann damit umgehen. Sie ist oft der kleinste gemeinsame Nenner, wenn man nach einem Weg sucht, Daten zwischen zwei Systemen zu übertragen, die sich von der Architektur her fremd sind.

Um solch ein serielles Protokoll zu analysieren, verwenden wir einen Raspberry Pi Pico, um an seinen GPIO-Pins die UART-Schnittstellen zur Untersuchung des Protokolls zu verwenden. Es ist nur ein kleines Beispiel ohne viel Aufwand, aber es demonstriert trotzdem, wie einfach solch eine UART-Schnittstelle aufgebaut ist und wie eine Fehlersuche bei diesem Protokoll funktioniert.

Insgesamt können am Pico zwei UART-Schnittstellen verwendet werden. In diesem Fall verwenden wir beide und nehmen einen UART zum Senden und einen weiteren UART zum Empfangen.

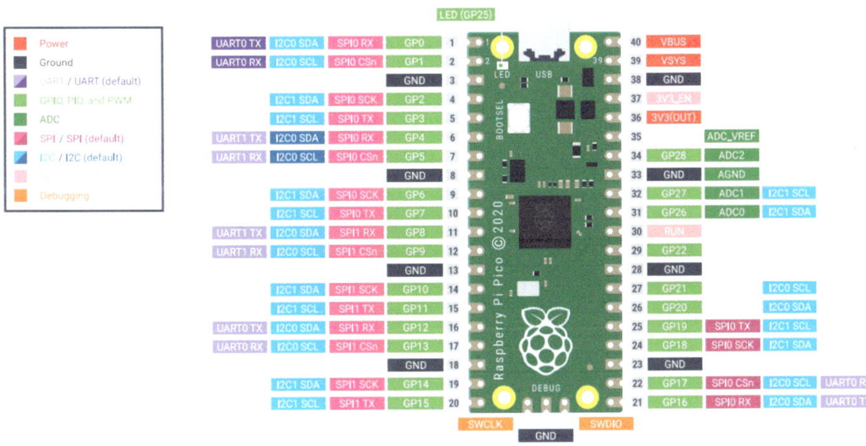


*Bild 3.45 Pinout des Raspberry Pi Pico*

**Benötigte Komponenten**

- Raspberry Pi Pico
- Breadboard
- Eine Drahtbrücke

**Die Schaltung**

Stecken Sie den Pico in das Breadboard und verbinden Sie GP1 (Pin 2) und GP4 (Pin 6) miteinander. Damit haben Sie den Ausgang von UART1 mit dem Eingang von UART0 verbunden.

*Bild 3.46 Die einzurichtende UART-Verbindung*

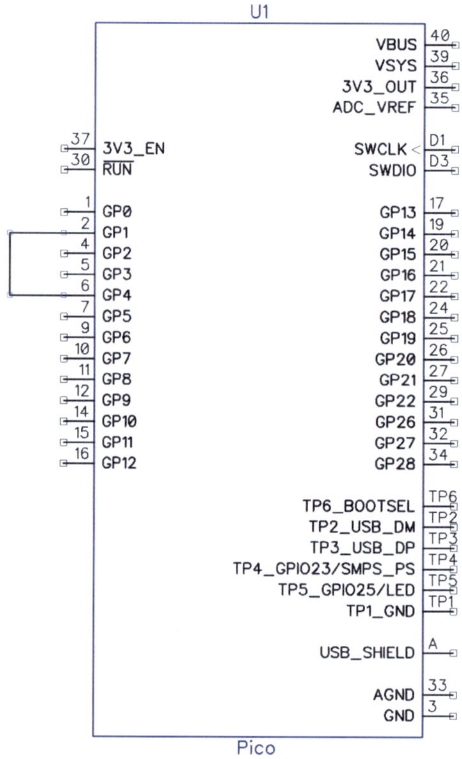


*Bild 3.47 Schaltplan der UART-Verbindung*

**Die Software**

Um das Programm ausführen zu können, benötigt der Raspberry Pi Pico einen installierten MicroPython-Interpreter, mit dem sich die Thonny IDE verbinden kann. Wie dies geht, können Sie im Anhang unter dem Titel "Pico und Thonny mit MicroPython" nachlesen.

**Die Arbeitsweise der Software**

Der Quellcode ist eine einfache Schleife, die zehnmal den String "hello world" auf UART1 ausgibt und mit UART0 empfängt.

Zuerst werden die beiden UART-Schnittstellen initialisiert und ihre Geschwindigkeit eingestellt. Hier wählen wir eine moderate Geschwindigkeit mit 9600 Baud, das Format der Bitfolge setzt sich automatisch auf 8N1.

In der while-Schleife wird mit *"txData"* der zu übertragende String definiert und dann mit *"uart1.write"* übertragen. Mit *"uart0.read"* werden die empfangen Daten in *"rxData"* gesammelt und dann mit der print-Funktion ausgegeben.
Falls Sie mehr Zeit zum Einrichten und Starten des Logikanalysators benötigen, können Sie die Zahl 10 erhöhen, um mehr Schleifendurchgänge, und somit eine längere Programmlaufzeit, zu erhalten.

**Quellcode**

Laden Sie den Quellcode in Thonny und speichern Sie das Programm auf dem Pico unter dem Namen *"uart_rx_tx.py"* ab.

Mit dem grünen Start-Button in Thonny können Sie nun das Programm starten.

```
Shell
 hello world

 hello world

 hello world

 hello world

 Ende
>>>
```

*Bild 3.48 "Hello World"-Ausgabe des Testprogramms*

Im Ausgabefenster von Thonny erscheint nun der String "hello world" zehnmal, gefolgt von einem "Ende" zum Ende des Programmablaufs.

Nachdem Sie nun den Pico eingerichtet und die serielle Datenübertragung getestet haben, ist es Zeit für eine Protokollanalyse.

## 3.5.2 UART-Analyse

**Was ist zu erwarten?**

Bevor wir einen Logikanalysator anschließen, machen Sie sich wieder das grundlegende Zusammenspiel bewusst.

- Der Pico ist ein USB-Gerät, welches somit mit einer 5 V Stromversorgung betrieben wird. Der Logik-Pegel ist dadurch vorgegeben.
- Der Logikanalysator muss mit GND und mindestens einem Teilnehmer der Kommunikation verbunden werden. GP4 sendet in diesem Fall die Daten und GP1 empfängt sie.
- Die Geschwindigkeit beträgt 9600 Baud, es werden 10 Sequenzen übermittelt, eine Aufzeichnungsdauer von fünf Sekunden dürfte ausreichen.
- Die UART-Schnittstelle eines Mikrocontrollers kann mit positiver oder negativer Logik laufen. Entsprechend muss man den Trigger einstellen, um auch den Anfang der Übertragung zu erwischen.

**Positive und negative Logik**
Hier beim Pico verwendet der UART eine negative Logik. Eine "1" ist ein Low und eine "0" ist ein High. Stellen Sie den Trigger also auf die abfallende Flanke ein, um den Anfang einer Bitfolge zu triggern.
Bei anderen Mikrocontrollern kann dies allerdings anders sein! Ein Cypress 8051 verwendet beispielsweise eine positive Logik. Im Zweifelsfall haben sie also eine 50:50 Chance ...

### Anschluss des Logikanalysators

Der Logikanalysator wird mit zwei Kanälen angeschlossen:

1. Zuerst wird die Masseverbindung an einen GND-Pin des Pico angeschlossen.
2. Der erste Kanal wird an GP0 (Pin 2) angeschlossen.
3. Der zweite Kanal wird an GP4 (Pin 6) angeschlossen.

Danach verbinden wir den Logikanalysator mit dem USB-Anschluss des Computers, verbinden auch den Pico mit seinem USB-Anschluss und öffnen die Software des Logikanalysators, um die erste Protokollerfassung zu starten.

### Die Protokoll-Analyse

Für eine erfolgreiche Protokollanalyse müssen Sie den Logikanalysator auf einen 5 V Logik-Pegel einstellen. Da eine Datenübertragung mit 9600 Baud sehr langsam ist, reichen die langsamsten Einstellungen zur Abtastung und Aufzeichnung des Protokolls aus.

*Bild 3.49 Einstellungen der Abtastungs-Geschwindigkeit zur Erfassung des UART-Protokolls*

Die aufgezeichnete Wellenform sollte 10 Sequenzen aufweisen und so der Anzahl Wiederholungen der while-Schleife des Quellcodes entsprechen. Jede dieser Sequenzen beinhaltet eine Datenübertragung, ein einzelnes "hello world", welche dieses Aussehen hat.

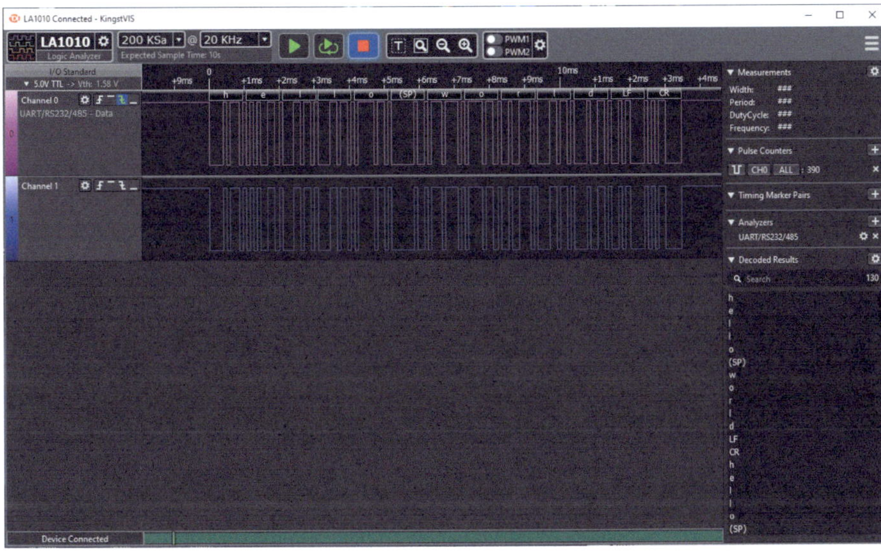


*Bild 3.50 Die Wellenform einer "hello world" Sequenz*

Um das Protokoll zu entschlüsseln und um den Bubble-Stream der Payload-Daten darzustellen, sind folgende Einstellungen im Protokollanalysator nötig:

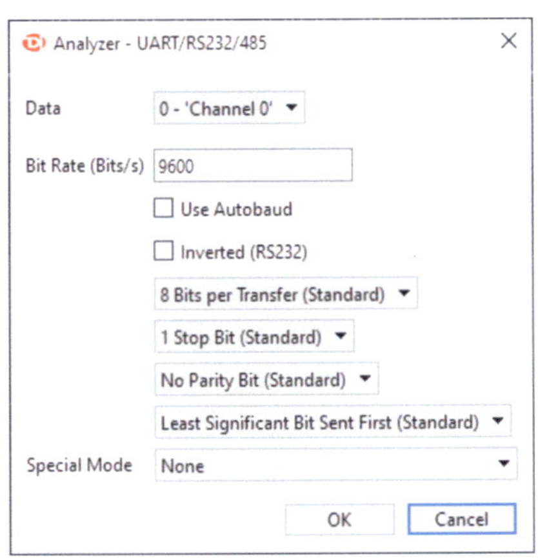


*Bild 3.51 UART-Einstellungen des Protokollanalysators bei einem seriellen Signal*

Um die Payload mitlesen zu können, muss die Radix auf die ASCII-Darstellung gestellt werden.

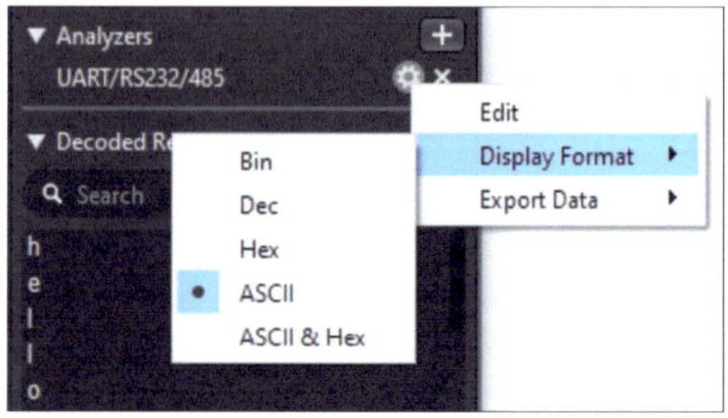


*Bild 3.52 Einstellung der Radix im ASCII Format*

**Radix**
Die Radix ist, einfach gesagt, die Basis, zu der der Wert einer Zahl dargestellt wird. Eine 81 im Dezimalsystem ist eine 51 im Hexadezimalsystem und eine 121 im Oktalsystem.

Wenn Sie ein aufgezeichnetes Sample mit dem Protokollanalysator entschlüsseln können, haben Sie auch schon eine erfolgreiche Analyse des Protokolls abgeschlossen. An diesem Protokoll ist nicht viel dran, eine Fehlersuche gestaltet sich bei solch einer seriellen Datenübertragung recht einfach. Es dreht sich meist einfach um die Signalintegrität und das Einhalten der maximalen Geschwindigkeitsabweichung.

### Die Fehlersuche

Bei solch einer seriellen Datenübertragung haben Probleme meist ihren Ursprung in zu langen Leitungen, Störeinflüssen auf schlecht abgeschirmten Leitungen oder eine fehlerhafte Geschwindigkeit zwischen den beiden Kommunikationspartnern. Diese darf nicht mehr als 10% Differenz haben. Ansonsten ist das Protokoll recht robust, insbesondere durch die integrierte Fehlerkorrektur und Fehlerbehandlung.

Achten Sie bei der Analyse wieder, wie bei den vorherigen Protokollen schon angesprochen, auf die Plausibilität der Wellenform, die Signalintegrität und ob verschliffene Signalflanken zu sehen sind.

Falls die Signale am Ausgang des Mikrocontrollers in Ordnung aussehen, aber eine Datenübertragung über die RS-232 Schnittstelle trotzdem fehlschlägt, dann schauen Sie sich den Pegelwandler einmal genauer an. Meist ist dies ein MAX232 Chip, oder ein baugleicher Typ. Wenn dieser einen Defekt hat, können die Pegel oder Signale fehlerhaft auf die Leitung gegeben werden. Erfassen Sie in diesem Fall einmal die Signale hinter dem Chip, aber denken Sie daran, dass die Pegel dort nicht mehr dem TTL-Logik-Pegel entsprechen, sondern ±12 V betragen.

Die Länge des Übertragungsweges ist bei diesem seriellen Protokoll eine kritische Komponente. Niedrige Baudraten eigenen sich für lange Leitungen, hohe Baudraten sind nur bei kurzen Verbindungen zu empfehlen. Je besser ein Kabel geschirmt ist, desto höher kann die Baudrate gewählt werden.

Schließen Sie gegebenenfalls den Logikanalysator beim Empfänger an die Leitung an, so dass der Übertragungsweg inbegriffen ist. So finden Sie beispielsweise verschliffene Signale oder auch andere Störungen, die auf die serielle Leitung eingewirkt haben.

**Logikpegel und maximale Eingangsspannungen**
Bei einfachen Logikanalysatoren, deren Kanäle keine Spannungen über 5 V vertragen, kann man keine Analyse an der RS-232 Schnittstelle vornehmen. Der Trick ist hier, die serielle Kommunikation an der UART-Schnittstelle des Mikrocontrollers abzugreifen, da sie dort TTL-Logik-Pegel verwendet. An dieser Stelle lassen sich die UART/RS-232 Softwaredekoder genauso benutzen.
Möchten Sie also den Logikanalysator hinter einem RS-232 Wandler anschließen, sollten die Kanäle für Eingangsspannungen von ±15 V oder mehr spezifiziert sein!

### 3.5.3 Quellcode UART Pico

```
from machine import UART, Pin
import time

uart1 = UART(1, baudrate=9600, tx=Pin(4), rx=Pin(5))
uart0 = UART(0, baudrate=9600, tx=Pin(0), rx=Pin(1))

x = 1
while x <= 10:
    txData = b'hello world\n\r'
    uart1.write(txData)
    time.sleep(0.1)
    rxData = bytes()
    while uart0.any() > 0:
        rxData += uart0.read(1)

    print(rxData.decode('utf-8'))
    x += 1

print ("End")
```

## 3.6 NeoPixel und WS281x

Für Lichtinstallationen haben sich die RGB-LEDs mit dem WS2812B-Protokoll durchgesetzt. Das Besondere ist, in dem kleinen Gehäuse in SMD-Bauform befindet sich nicht nur die LED, sondern auch ein Controller-Chip, der mit einem digitalen Protokoll angesteuert wird. Mit diesem Protokoll können die einzelnen Farben, Rot, Grün und Blau mit jeweils 256 Helligkeitsstufe einzeln angesteuert werden. So sind im Zusammenspiel 16 Millionen Farben mit unterschiedlicher Helligkeit möglich.

**Das WS2812B Protokoll**

Das Protokoll arbeitet mit einer einzigen Datenleitung ohne Rückkanal. Jede LED hat vier Kontakte. Zwei sind für die Spannungsversorgung, einer für den Empfang der Daten und einer für das Weitersenden der Daten. Über die Datenanschlüsse können die LEDs zu einer Kette von tausenden LEDs zusammengeschaltet werden, was bei Skulpturen und großen Lichtinstallationen gerne gemacht wird. Es handelt sich also um eine kaskadierte Signalübertragung.

Der Aufbau des Protokolls ist etwas komplizierter gehalten als die vorherigen Protokolle. Jede LED wird mit einem Datenpaket aus 24-Bits angesteuert. Möchte man zwei LEDs ansteuern, ist das Datenpaket 48-Bit lang. Jede LED in der Kette empfängt das Datenpaket, wird von den ersten 24-Bit in dieser Sequenz gesteuert und gibt dann die restlichen Bits des Datenpakets weiter an die nächste LED. So wiederholt sich das Spiel, bis alle Datenpakete aufgebraucht sind.

Drei Faktoren begrenzen dabei die Anzahl der LEDs:

- Die Verarbeitungsgeschwindigkeit des steuernden Mikrocontrollers
- Der vorhandene RAM
- Die nötige Stromversorgung der LEDs.

Über den Daumen gepeilt, kann ein einfacher Arduino UNO bis etwa 512 LEDs ansteuern, ein Arduino MEGA kann ungefähr die doppelte Menge ansteuern. Erst mit speziellen Fastled-Controllern ist die Ansteuerung mehrerer tausend LEDs möglich.

Die Leistungsaufnahme beträgt bei 30 LEDs rund 9 W, bei 144 LEDs sind es rund 43 W. Die Spannungsversorgung und Ansteuerung eines langen LED-Streifens kann also schon einiges erfordern.

**Ablauf der Ansteuerung**

- Ein Mikrocontroller sendet auf dem Datenkanal die Sequenz zur Ansteuerung der LEDs.
- Sind mehrere LEDs als Kette verschaltet, empfängt die erste LED die Datensequenz. Mit den ersten 24-Bit wird diese angesteuert, die restliche Datensequenz wird auf dem Daten-Ausgang an die nächste LED weitergegeben.
- Die zweite LED empfängt auf dem Daten-Eingang die Datensequenz, wird angesteuert und gibt die restliche Datensequenz auf dem Daten-Ausgang an die nächste LED weiter.

- Dies wiederholt sich, bis alle 24-Bit Datenpakete der Sequenz aufgebraucht sind.
- Sollte die Datensequenz kürzer sein, als LEDs in der Kette vorhanden sind, bleiben die LEDs die nicht angesteuert wurden aus.
- Sollte die Datensequenz länger sein, als LEDs in der Kette vorhanden sind, verpufft die restliche Sequenz am Daten-Ausgang der letzten LED.

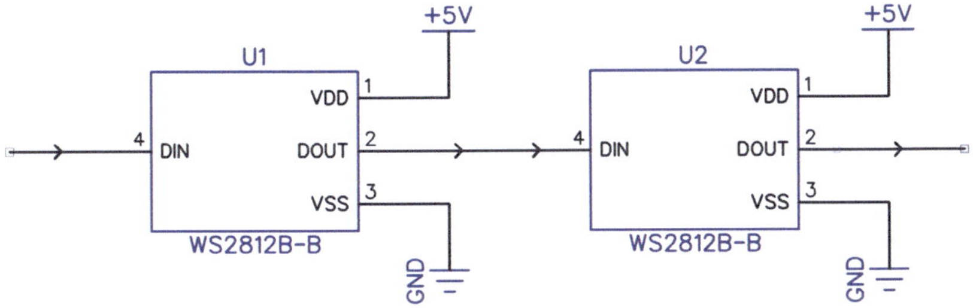


*Bild 3.53 Serielle Schaltung der WS2812B LEDs*

**Ein asynchrones Protokoll**

Da es keine Taktleitung gibt und die LEDs nur mit einer einzigen Leitung angesteuert werden, müssen die Controller-Chips der einzelnen LEDs irgendwie erkennen, wann Daten über die Leitung gesendet werden. Dafür müssen diese den Anfang, das Ende und die einzelnen Daten-Bits erkennen. Um die Struktur solch einer taktlosen und somit asynchronen Datenübertragung zu erkennen, arbeitet man mit dem Timing der Daten-Signale selbst. Da es keinen Rückkanal gibt, kann auch keine Kommunikation zwischen dem Sender und den Empfängern stattfinden. Um sicherzustellen, dass die Empfänger auch genügend Zeit hatten, die Daten zu empfangen und zu verarbeiten, bevor sie das nächste Datenpaket erreicht, muss eine gewisse Pausenzeit vor einer erneuten Datenübertragung eingehalten werden. Damit die LEDs also nicht überrollt werden, kann die *Framerate* der LED-Anzeige nicht beliebig schnell sein.

**Aufbau des Protokolls**

Wie wird nun das einzelne High- oder Low-Signal auf der Leitung erkannt?

Zwei Angaben im Datenblatt zum Protokoll helfen Ihnen hier weiter:

1. Die Datenleitung wird für eine "1" für 0,8 µs auf High und für 0,45 µs auf Low gehalten.

2. Die Datenleitung wird für eine "0" für 0,4 µs auf High und für 0,85 µs auf Low gehalten.

Möchte man die Bits "101" senden, wird folgende Sequenz gesendet:
*0,8 µs High, 0,45 µs Low, 0.4 µs High, 0,85 µs Low, 0,8 µs High, 0,45 µs Low*
... dann folgen noch weiter 21-Bit, um die 24-Bit Sequenz voll zu bekommen.

Danach folgt ein Reset-Signal mit einem Low der Datenleitung für 300 µs, um das Ende zu signalisieren. Nach dem Reset kann eine neue Übertragung starten. Der Aufbau der 24-Bit Sequenz erfolgt in der Reihenfolge GRB (**G**rün **R**ot **B**lau) mit dem MSB zuerst. Führende leere Stellen werden mit 0en aufgefüllt, so dass immer volle 8-Bit Sequenzen eine Farbe ansteuern.

Das Protokoll ist also ein pulsweitenmoduliertes Signal (PWM), wobei eine 24-Bit Sequenz eine grobe Frequenz von 400 bis 500 kHz hat.

Das Datenblatt finden Sie unter https://cdn-shop.adafruit.com/datasheets/WS2812B.pdf

**Protokollimplementationen**

Das WS28121B genannte Protokoll ist nicht die einzige Implementation zur Ansteuerung von RGB-LEDs. Die ganze Familie dieser Protokolle wird WS28xx genannt und natürlich unterscheiden sich die einzelnen Protokollimplementationen etwas voneinander. Manche sind schneller, manche haben ein leicht anderes Timing, und schon morgen wird sicher wieder eine neue Variante auf dem Markt sein, die wieder ein bisschen anders funktioniert.

So kann der Protokollanalysator Ihres Logikanalysators möglicherweise doch nicht mit der neuesten Variante dieses Protokolls richtig umgehen. Wenn Ihnen also etwas merkwürdig vorkommt, überprüfen Sie nochmal welche Protokollvariante Sie da genau vor sich liegen haben und schauen Sie nach Updates für Ihre Software.

### 3.6.1 RGB-LED Adapterplatine

**Aufbau und Ansteuerung einer RGB-LED**

Um das WS2812B-Protokoll analysieren zu können, benötigen Sie einen LED-Streifen, mit Farbwechselsteuerung. Unter den Stichworten "WS2812B LED Strip" oder "NeoPixel LED Strip" sind diese im Internet bei fast allen Elektronikversendern erhältlich.

**Benötigte Komponenten**

- Raspberry Pi
- Eine RGB-LED mit WS28xx-Protokoll

Für diese Experimentierschaltung bietet sich ein aufsteckbares Modul für den Raspberry Pi an, welches mit dem Namen "RB-RGBLED01" von der Firma "Joy-It" zu bekommen ist. So bleibt der Kabelsalat auf dem Werktisch übersichtlich.

Im Internet zu finden unter:

https://www.joy-it.net/de/products/RB-RGBLED01

*Bild 3.54 Raspberry Pi Modul mit RGB-LED*

Diese kleine Platine wird direkt auf den Raspberry Pi gesteckt und an den gut zu erreichenden Anschlüssen kann ein Logikanalysator einfach angeschlossen werden.

*Bild 3.55 Raspberry Pi mit aufgesteckter RGB-LED*

In der Anleitung zum Adapterboard finden Sie eine Schritt-für-Schritt Vorgehensweise, wie die Bibliotheken installiert werden und wie die RGB-LED dann in Betrieb genommen werden kann.

Mit einem kleinen Python-Programm, dessen Quellcode Sie im Anhang dieses Kapitels finden, können Sie die LED ansteuern. Die dafür nötigen Bibliotheken finden Sie unter:
https://github.com/joosteto/ws2812-spi

## 3.6.2 WS28xx Analyse

**Anschluss des Logikanalysators**

Löten Sie zwei kurze Drähte an den GPIO.10 (Pin 19) und GND (Pin 6) an. Den ersten Kanal des Logikanalysators schließen Sie an den Draht von Pin 19 an und den Masseanschluss an den Draht von Pin 6.

**Die Protokoll-Analyse**

Diese schon genannten 400 bis 500 kHz sind nun unser erster Anhaltspunkt für die Analyse des Protokolls mit einem Logikanalysator. Überprüfen Sie diese Annahmen einmal mit Ihrem Logikanalysator.

**So gehen Sie dafür vor:**

Der erste Kanal des Logikanalysators ist an der WS2812B Datenleitung der RGB-LED angeschlossen. Stellen Sie den Logikanalysator auf eine Abtastfrequenz von mindestens 4 MHz ein, den Trigger des Kanals auf die abfallende Flanke und zeichnen Sie ein Sample von 5 bis 10 Sekunden auf, um alle drei Farbwechsel zu erfassen.

Eine 24-Bit Sequenz Wellenform sollte vom Logikanalysator dann wie folgt erfasst worden sein:

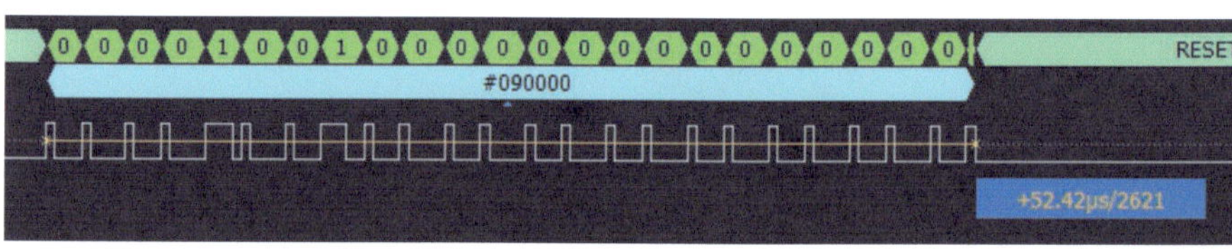


*Bild 3.56 Messung der WS2812B Datensequenz*

Der Wert "9" steht im ersten Byte der Sequenz. Jede 24-Bit Sequenz besteht aus drei 8-Bit Werten. Der jeweilige Wert der drei Bytes repräsentiert dabei die eingestellte Helligkeit der LED-Farbe. Beim Wert "0" ist die LED aus, bei "255" hat sie die größte Helligkeit.

Hier wurde zur Demonstration nur die grüne LED-Farbe aktiviert, die Reihenfolge der Sequenz ist bei diesem Protokoll Grün-Rot-Blau (GRB).

Fangen Sie nun an zu messen. Die Software des Logikanalysators bietet dafür einige Hilfsmittel: Zu sehen ist eine komplette 24-Bit Datensequenz mit einer Zeitdauer von 52,42 µs. Eine grobe Bestimmung der Frequenz kann man vornehmen, indem man das Rechtecksignal eines Bits als Periodendauer nimmt und diese Sequenz als 24 sich wiederholende Schwingungen sieht. Diese erfolgen in einem Zeitraum von rund 0,00005 s.

Nun haben Sie alles, um die Frequenz bestimmen zu können:

$$F = \Delta N / \Delta T = 24/0{,}00005 = 480000 \text{ Hz} = 480 \text{ kHz}$$

**Abtastrate**
Nun haben wir grob die Frequenz der Datensequenz bestimmt, in diesem Fall die Datenrate. Aber wofür ist dies wichtig? Und warum haben wir den Logikanalysator auf eine Abtastfrequenz von 4 MHz gestellt?

Wie schon im Kapitel zur Abtastrate erklärt, benötigt der Logikanalysator eine um mehrere Faktoren höhere Abtastrate, um die Daten im Protokoll mithilfe des Protokollanalysators erkennen zu können.

Zur Überprüfung Ihrer Berechnung können Sie auch eine Messung der empfangenen Daten-Bits mit dem Measurement-Tool der Software vornehmen. Messen Sie dabei einmal die Spanne einer "0" oder einer "1" mithilfe der Software. In dem gezeigten Beispiel beträgt die von der Software ermittelte Frequenz 500 kHz:

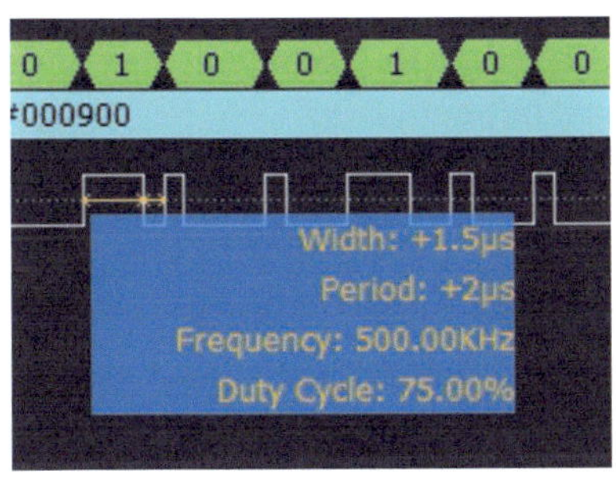


*Bild 3.57 Messung der WS2812B Datenrate*

Gegenprüfen können Sie dies mit einem Blick ins Datenblatt. Dort ist angegeben, dass die Datenrate des Protokolls bis zu 800 Kbps betragen kann. Eine Überabtastung der Daten mit dem Faktor fünf ergibt in diesem Fall eine Abtastrate von 4 MHz.

Je nach Hersteller des Logikanalysators und Implementation des Protokollanalysators ist für die Analyse des WS2812B-Protokolls eine Abtastrate von mindestens 4 bis 8 MHz nötig. Fangen Sie also großzügig an und verringern Sie die Abtastrate bei Bedarf, wobei Sie immer darauf achten müssen, dass das Protokoll weiterhin sicher erkannt wird.

**Die Verwirrung um 400 Hz/s und 800 Kbps beim WS2812B-Protokoll**
Das Datenblatt gibt zwei Informationen an, bei denen es wichtig ist, sie richtig zu verstehen: "scan frequency not less than 400 Hz/s" und "data at speeds of 800 Kbps".
Die "scan frequency" mit 400 Hz/s bezeichnet die Geschwindigkeit, mit der die Bitfolgen zur Ansteuerung der LEDs von den Controller-ICs verarbeitet werden können, wie oft also die Anzeige der LEDs aktualisiert werden kann.
Die "data speed" mit 800 Kbps bezeichnet die Datenrate der Bit-Sequenzen.
Was messen wir mit dem Logikanalysator? Wie schnell oder langsam, also wie oft, die Bit-Sequenzen vorbeikommen (Aktualisierungsrate) ist erst einmal unwichtig, aber wie

schnell die Bitfolgen sind (Datenrate), ist wichtig zur korrekten Einstellung der Abtastrate des Logikanalysators und zur fehlerfreien Erkennung des Protokolls.
Erst wenn die Controller-ICs durch eine zu hohe Aktualisierungsrate überrannt werden, wird eine Überprüfung derselben interessant.

**Funktionsweise des Protokolls in einer LED-Kette**
Bei der Ansteuerung eines LED-Leuchtstreifens werden alle LEDs einzeln angesprochen. Bei einer LED gibt es nur eine 24-Bit Sequenz, die übertragen wird, bei 42 LED sind es 42 mal 24-Bit, die in einem Schwung auf die Reise geschickt werden, also insgesamt 1008 Bits.

Untersuchen Sie einmal Ansteuerung und Weitergabe der Daten:
Verändern Sie den Quellcode für die verwendete Adapterplatine und stellen Sie die verwendete Anzahl an LED auf "2".

```
nLED=2          #The amount of LED›s that are being used
```

Schließen Sie nun den Logikanalysator an. Verbinden Sie den ersten Kanal mit dem DIN-Pin der LED und den zweiten Kanal mit dem DOUT-Pin.
Stellen Sie den Trigger auf die ansteigende Flanke des ersten Kanals ein und wählen Sie eine Abtastrate im Bereich vom 5 MHz und eine Aufzeichnungsdauer von 5 Sekunden aus. Für den Protokollanalysator können Sie auch gleich schon für den ersten Kanal das WS28xx-Protokoll auswählen.

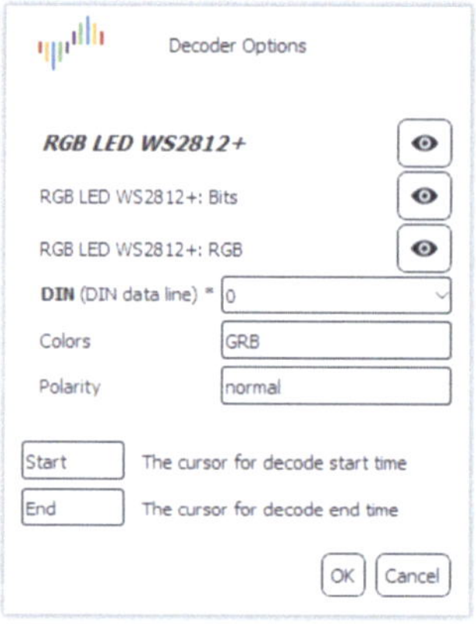


*Bild 3.58 Einstellungen zum WS28xx-Protokoll*

Starten Sie das Programm zur Ansteuerung der LED und danach die Erfassung des Logikanalysators. Nach einem kurzen Moment haben Sie eine Aufzeichnung für den Eingang und den Ausgang der LED auf dem Schirm.

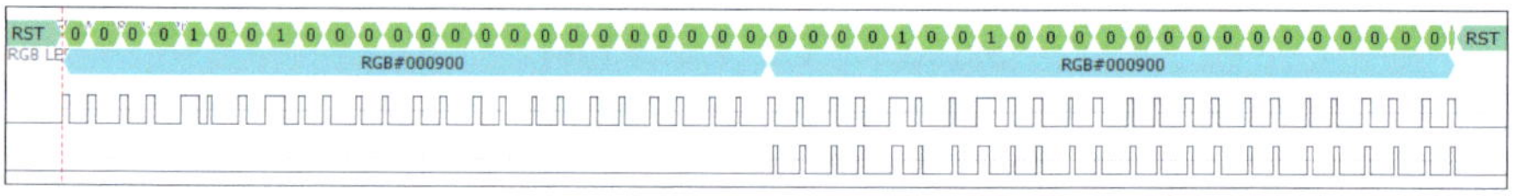


*Bild 3.59 Weitergabe des Signals – DIN und DOUT der RGB-LEDs*

Wie Sie sehen können, hat der Controller-Chip der LED die erste 24-Bit Sequenz der Daten zur Ansteuerung der hier simulierten LED-Kette vom Datenstrom für die eigene Ansteuerung verwendet. Der restliche Datenstrom wurde dann an die nachfolgenden LEDs weitergesendet.

**Fehlersuche**

Wie suchen Sie nun am besten einen Fehler in solch einem asynchronen Protokoll?

- Fangen Sie zuerst mit der Struktur und dem Aufbau der Bitfolgen an, dann untersuchen Sie das Timing der Signale.

- Überprüfung Sie die Anzahl der 24-Bit Ansteuerungssequenzen. Pro LED muss eine 24-Bit Sequenz vorhanden sein.

Danach kann man – je nach Fehlerbild – versuchen einzelne LEDs zu überprüfen, indem sie gezielt im Quellcode adressiert und parallel mit dem Logikanalysator auf dem Bus beobachtet werden. Die parallele Analyse der Datenleitung mithilfe des Logikanalysators sollte eine Übereinstimmung zwischen den aufgezeichneten Bit-Sequenzen und der gewünschten Aussendung durch die Software des Mikrocontrollers zeigen.

Wenn nun doch noch nicht alles wie gewünscht funktioniert, kann neben einer Unterbrechung der Datenleitung durch eine defekte LED, einer mechanischen Unterbrechung der Datenleitung oder auch ein Timing-Problem vorhanden sein. Timing-Probleme können vom Mikrocontroller herrühren, aber auch lange Signalleitungen können ein Problem mit der Ansteuerung verursachen.

Beim WS28xx-Protokoll muss beispielsweise für ein Reset der Datenleitung das Signal für mindestens 50 µs auf Low gezogen werden, bevor die nächste Datenübertragung erfolgen kann. Das Timing der einzelnen High und Low Signale ist im Datenblatt der jeweiligen Protokollvariante genau vorgegeben:

| **WS2812/WS2812S** | Data Transfer Time: | TH+TL=1,25 µs ±600 ns | |
|---|---|---|---|
| T0H | 0 code, high voltage time | 0,35 µs | ±150 ns |
| T1H | 1 code, high voltage time | 0,7 µs | ±150 ns |
| T0L | 0 code, low voltage time | 0,8 µs | ±150 ns |
| T1L | 1 code, low voltage time | 0,6 µs | ±150 ns |
| RESET | low voltage time | above 50 µs | |

| **WS2812B** | Data Transfer Time: | TH+TL=1,25 µs±150 ns | |
|---|---|---|---|
| T0H | 0 code, high voltage time | 0,35 µs | ±150 ns |
| T1H | 1 code, high voltage time | 0,9 µs | ±150 ns |
| T0L | 0 code, low voltage time | 0,9 µs | ±150 ns |
| T1L | 1 code, low voltage time | 0,35 µs | ±150 ns |
| RESET | low voltage time | above 50 µs | |

Achten Sie auch auf die "scan frequency" genannte Auffrischrate der LEDs. Wenn diese zu kurz ausfällt, werden die Controller-Chips der LEDs überrannt und allerlei merkwürdige Effekte können passieren.

**Generelle Tipps**

Starten Sie bei einer Fehlersuche mit einer grundlegenden Überprüfung der Bit-Sequenzen und dann mit einer gezielten Untersuchung des Timings der aufgezeichneten Signale. Das Timing hat Toleranzen, bei der Herstellung der Controller-ICs scheint sich aber immer mal wieder etwas zu ändern und der Hersteller aktualisiert das Datenblatt. Suchen Sie sich immer erst einmal das aktuelle Datenblatt des Herstellers und überprüfen Sie die darin enthaltenen Eckdaten.

Sie benötigen bei dem von Ihnen verwendeten Logikanalysator einen mit der zu untersuchenden WS28xx-Protokollvariante funktionierenden Protokollanalysator, und die Möglichkeit mit der Software das Timing der Signale genau zu bestimmen.
Wie dies funktioniert, haben Sie in diesem Kapitel, bei der Messung der Daten-Bits zur Bestimmung derer Frequenz und Datenrate, gelernt. Probieren Sie es auf dem Weg bei der nächsten Fehlersuche einmal aus!

**WS2812B und WS2811**

Unter der Produktbezeichnung WS2812B und WS2811 versteht man digital angesteuerte, farbige RGB LEDs, die einzeln oder als LED-Streifen gekauft werden können.

Das WS2812B genannte RGB-LED-Modul ist die verbesserte Bauform der WS2812 Baureihe und wurde mit einer Schutzschaltung gegen Verpolung versehen. Diese im Markt auch NeoPixel oder Pixel genannten farbigen LEDs haben den Controller-Baustein integriert und können so mit etwas Programmierung über einen einzigen Draht beliebig in Farbe und Helligkeit gesteuert werden.

Die WS2811-Bausteine sind Treiber-ICs ohne LED. Verwendet man WS2811 ICs, wird an jeden Treiberbaustein jeweils noch eine oder mehrere RGB-LED(s) angeschlossen.

Da beim WS2812B-LED-Modul alles in einem Gehäuse integriert ist, fallen die für die RGB-LED(s) benötigten Anschlüsse weg und alles ist etwas kompakter gefertigt.

Beide Protokolle sind gleich aufgebaut, unterscheiden sich nur minimal im Timing, was in den meisten Fällen vernachlässigt werden kann. Einzig bei der Versorgungsspannung muss man aufpassen, der WS2811 IC benötig 6 bis 7 V und die WS2812B LED arbeiten mit 3,5 bis 5,3 V.

Der Hersteller der WS28xx-Serie ist Worldsemi. Eine ganze Reihe von Produkten ist mittlerweile unter der WS28xx-Bezeichnung erhältlich. Bei einer Bestellung bei den günstigeren Versendern ist nicht immer klar, welche Variante man wirklich geliefert bekommt. Ein prüfender Blick auf die Bauteile ist oft nötig.

### 3.6.3 Quellcode RGB-LED

```
import spidev
import ws2812
import time
import getopt

# ACHTUNG!
# Fehlerbehebung: Zeile 105 in der ws2812.py auskommentieren.
# ACHTUNG!

stepTime = 1                        #Only full Numbers like 1,3,15 or 389 for example
nLED=1                              #The number of LED's that are being used
intensity=253                       #The brightness level of the used LED's

#Cleaning up after ending the program
def clean_up(spi):
    ws2812.write2812(spi, [0,0,0])

#Cleaning up the LED's on start if the program was interrupted in the prev run
def clear_on_start(spi):
    ws2812.write2812(spi, [0,0,0])
    print("cleaning")
    time.sleep(stepTime)

#Simple definition for our Color's
def RED(spi):
    print("RED")
    d=[[255,0,0]]*nLED
    ws2812.write2812(spi, d)
    time.sleep(stepTime)
    d=[[0,0,0]]*nLED

def GREEN(spi):
    print("GREEN")
    d=[[0,255,0]]*nLED
    ws2812.write2812(spi, d)
    time.sleep(stepTime)
    d=[[0,0,0]]*nLED

def BLUE(spi):
    print("BLUE")
    d=[[0,0,255]]*nLED
    ws2812.write2812(spi, d)
    time.sleep(stepTime)
    d=[[0,0,0]]*nLED

if __name__=="__main__":
    spi = spidev.SpiDev()
    spi.open(0,0)

try:
    while True:
        clear_on_start(spi)
        RED(spi)
        GREEN(spi)
        BLUE(spi)

except KeyboardInterrupt:
    Clean_up(spi)
```

## 3.7 HD44780 LCD-Display

Ein LCD-Display, auch Dot-Matrix-Display genannt, war in der Vergangenheit der Standard, wenn Geräte mit einer Anzeige ausgestattet werden sollten. Sie sind günstig, einfach zu verwenden und in den Schubladen jeder Elektronikwerkstatt im Überfluss vorhanden. Dieses Display ist ein Massenprodukt und wird aufgrund seines geringen Preises fast überall eingesetzt, wo keine ausgefallene Anzeige nötig ist, sondern es nur der einfachen Darstellung von Informationen bedarf. Mit der gestiegenen Verbreitung des I²C und SPI-Protokolls werden sie langsam von grafischen Displays verdrängt. Sie werden einem solchen Display mit Sicherheit bei der einen oder anderen Fehlersuche noch begegnen, weshalb wir uns auch mit der Analyse des von diesem Display verwendeten Protokolls beschäftigen.

Durch die vorherigen Kapitel sind Sie nun schon im Umgang mit dem Logikanalysator, den Protokollanalysatoren und der generellen Vorgehensweise bei der Untersuchung digitaler Signale und Protokolle geübt. Deshalb sparen wir uns hier den Einsatz eines Mikrocontrollers und eines selbst geschriebenen Programms und versuchen einmal schneller ans Ziel zu kommen.

**Funktionsweise**
Angesteuert wird solch ein Dot-Matrix-Display von einem IC mit der Bezeichnung HD44780.

*Bild 3.60 Dot-Matrix-Display*

Die Kommunikation mit einem Mikrocontroller erfolgt dabei im 4-Bit oder 8-Bit Modus. Neben den vier oder acht Datenleitungen werden noch drei Steuerleitungen und ein Masseanschluss benötigt. Bei der 4-Bit Ansteuerung wird das 8-Bit Datenwort in zwei hintereinander gesendeten Hälften (Nibbles) übertragen.

Die Anzahl an benötigten Leitungen ist also hoch im Vergleich zu den heutigen Möglichkeiten, aber vor einigen Jahrzehnten waren diese Displays gut mit den damaligen Mikrocontrollern verwendbar und sie waren eine deutliche Vereinfachung zu den davor verwendeten 7-Segment Displays, die eine noch größere Menge an Anschlüssen und Platz auf der Platine benötigt haben.

In dem Datenblatt von Hitachi, mit dem Namen "HD44780.pdf", können Sie sehen, dass es für die Anzeige von Informationen auf dem Display mehrere Möglichkeiten gibt. Neben der direkten Ansteuerung der einzelnen Punkte, beispielsweise für Balkengrafiken, kann auch auf die im Controller enthaltene Symbolbibliothek zurückgegriffen werden, was die Anzeige von Informationen, durch die Nutzung dieser vordefinierten Standardzeichen, deutlich vereinfacht.

### 3.7.1 Bus Pirate und LCD-Adapter

In diesem Buch sind wir bisher den Weg gegangen, einfache kleine Versuchsschaltungen zu bauen, um die verschiedenen Protokolle testen zu können. Mit den verschiedenen Mikrocontrollern konnten Sie so die ersten Erfahrungen sammeln, allerdings ist diese Methode in manchen Fällen sehr aufwändig. Zuerst benötigt man einen passenden Mikrocontroller, dann schreibt man ein Programm, steckt danach alles auf einem Breadboard zusammen und kämpft manchmal noch mit dem einen oder anderen unnötigen Problem entlang des Weges.

Wenn man auf diesem Weg schon einen Programmcode und dazugehörige Bibliotheken ausprobieren kann, kann dies dem Entwicklungsprozess zuträglich sein und die dafür eingesetzte Zeit ist nicht verloren. Aber wenn man nur ein Display oder einen Temperatursensor auf Funktion testen möchte?
Kann einem sowas alles nicht abgenommen werden? Kann man nicht einfach ein Protokoll ohne großen Aufwand ausprobieren?
Ja, kann man. Solch ein Multitool wurde mal erfunden, der "Bus Pirate".

*Bild 3.61 Bus Pirate v3.6 – Ein Multitool für Protokolle*

Der Bus Pirate ist ein universelles Protokoll-Interface, dass Sie mit einer einfachen Terminal-Verbindung steuern können. Eine Menge der zeitfressenden Prototyp-Arbeit kann man sich damit sparen. Sie können den Bus Pirate als "bus traffic sniffer" einsetzen, als Programmiergerät, als ganz einfachen Logikanalysator im kHz Bereich, sie können Servos ansteuern, und noch viel mehr. Dieses kleine handliche Multitool ist seit etwa 2012 auf dem Markt und immer noch erhältlich. Als OpenHardware und OpenSource-Projekt ist der Bus Pirate bei vielen Elektronik-Händlern im Angebot und auf GitHub der aktuelle Stand der Firmware verfügbar:

https://github.com/BusPirate/Bus_Pirate

Die unterstützten Protokolle sind:

- 1-Wire
- $I^2C$
- SPI
- JTAG
- Asynchronous Serial
- MIDI
- PC Keyboard
- HD44780
- 2 und 3-wire bitwise pin control
- BitBang: 1-Wire, $I^2C$, SPI und UART

Viele weitere Features werden auf der Webseite des Bus Pirate aufgezählt:

http://dangerousprototypes.com/docs/Features_overview

**Circuit Pyrate**

Der Bus Pirate ist in die Jahre gekommen und ein Nachfolger wird entwickelt. Die Firma Adafruit arbeitet gerade an einem Nachfolger mit dem Namen "Circuit Pyrate". Genaue Spezifikationen sind noch nicht bekannt. Falls der Bus Pirate irgendwann nicht mehr verfügbar sein wird, könnte dies eine Alternative sein.

Info: https://blog.adafruit.com/2023/05/08/yaaarrr-a-circuit-pyrate-is-ready-to-be-your-best-mate-on-the-hacking-seas/

Um das LCD anzusteuern, verwenden wir einen LCD-Adapter, der für den Bus Pirate erhältlich ist. Diese Adapterplatine ist nötig, weil der Bus Pirate im LCD-Mode nicht über genügend Leitungen für ein LCD verfügt. Die Adapterplatine nutzt einen 74HCT5950 Shift-Register Chip, um die dafür nötigen 8-Bit seriell zu empfangen und parallel ans Display auszugeben.

*Bild 3.62 Ein LCD-Adapter für den Bus Pirate*

Den Adapter und eine Erklärung, wie er verwendet wird, finden Sie hier:
http://dangerousprototypes.com/docs/Bus_Pirate_LCD_adapter_v2

Um das Protokoll das LCDs analysieren zu können, verbinden Sie das Display mit der Adapterplatine und dem Bus Pirate. Danach verbinden Sie den Bus Pirate mit einem USB-Kabel mit Ihrem PC und öffnen ein Terminal-Programm, um sich mit dem Interface zu verbinden.

*Bild 3.63 Abgriff der Datenleitungen des LCD-Displays mit Hilfe von Testclips*

**Test des Displays**
Beim Einstecken in den PC oder Mac wird automatisch ein serieller Port eingerichtet. Mit einem beliebigen Terminal-Programm können Sie sich dann mit dem Menü des Bus Pirate verbinden.

Die Verbindung benötigt folgende Einstellungen: "115200 bps 8N1".
Nach dem UART-Kapitel wissen Sie ja nun genau, was damit gemeint ist.
Als Terminal-Emulation verwenden Sie am besten "VT100".

Drücken Sie nach der Verbindungsaufnahme im Terminal-Fenster einmal Return, um die Eingabezeile "HiZ>" sichtbar zu machen. Wenn Sie nun ein Fragezeichen eingeben, wird das Hauptmenü dargestellt.

```
HiZ>?
General                                         Protocol interaction
--------------------------------------------------------------------------------
?       This help                               (0)     List current macros
=X/|X   Converts X/reverse X                    (x)     Macro x
~       Selftest                                [       Start
#       Reset                                   ]       Stop
$       Jump to bootloader                      {       Start with read
&/%     Delay 1 us/ms                           }       Stop
a/A/@   AUXPIN (low/HI/READ)                    "abc"   Send string
b       Set baudrate                            123
c/C     AUX assignment (aux/CS)                 0x123
d/D     Measure ADC (once/CONT.)                0b110   Send value
f       Measure frequency                       r       Read
g/S     Generate PWM/Servo                      /       CLK hi
h       Commandhistory                          \       CLK lo
i       Versioninfo/statusinfo                  ^       CLK tick
l/L     Bitorder (msb/LSB)                      -       DAT hi
m       Change mode                             _       DAT lo
o       Set output type                         .       DAT read
p/P     Pullup resistors (off/ON)               !       Bit read
s       Script engine                           :       Repeat e.g. r:10
v       Show volts/states                       .       Bits to read/write e.g. 0x55.2
w/W     PSU (off/ON)                <x>/<x= >/<0>       Usermacro x/assign x/list all
HiZ>
```

*Bild 3.64 Hauptmenü des Bus Pirate*

Der Bus Pirate wird durch ein Menü-System mit mehreren Ebenen gesteuert. Mit dem Befehl "m" kommen Sie in die Ebene "bus mode", in der Sie beispielsweise I²C, SPI, UART und auch LCD finden. Mit der Taste "x" können Sie wieder in die übergeordnete Menüebene zurück wechseln.

Ein Crash-Kurs, um eine Anzeige auf das Display zu bekommen:

Sie drücken nacheinander die Tasten ...
"m" um den Modus zu wechseln
"8" um den LCD-Modus zu aktivieren
"W" um die Spannungsversorgung des LCD-Adapters einzuschalten
"(0)" um das LCD Makro-Menu anzuzeigen
"(2)" um das LCD-Display zu initialisieren
"1" oder "2" um ein ein- oder mehrzeiliges Display auszuwählen
"A" um die Displaybeleuchtung einzuschalten
und "Elektor" um dies als Text auf dem Display auszugeben.

Die komplette Sequenz sieht so aus:

```
HiZ>m
1. HiZ
2. 1-WIRE
3. UART
4. I2C
5. SPI
6. 2WIRE
7. 3WIRE
8. LCD
9. DIO
x. exit(without change)

(1)>8
This mode requires an adapter
Ready
LCD>
LCD>W
Power supplies ON
LCD>(0)
 0.Macro menu
 1.LCD Reset
```

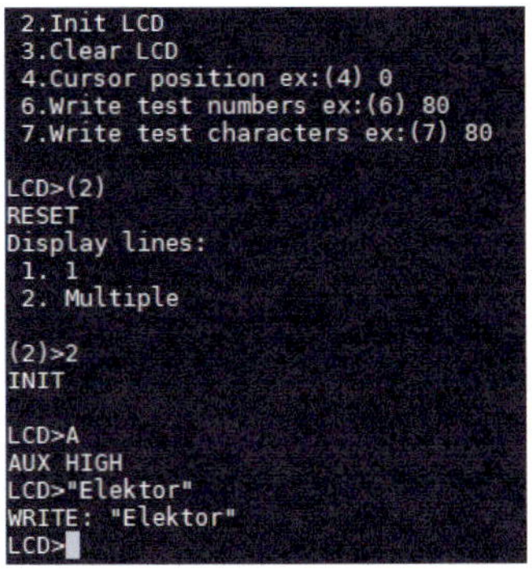


*Bild 3.65 Komplette Bediensequenz zur Ansteuerung des Displaymoduls*

So ungefähr sollte das Ergebnis aussehen:

*Bild 3.66 Ausgabe eines Textes mit dem Bus Pirate auf dem Displaymodul*

Nachdem Sie nun das LCD mit dem Bus Pirate angesteuert und getestet haben, ist es Zeit für eine Protokollanalyse.

### 3.7.2 HD44780 Analyse

Durch die Möglichkeit Symbolbibliotheken, Standardsymbole als auch einen grafischen Modus verwenden zu können, ist das HD44780-Protokoll ziemlich umfangreich und in einem 60-seitigen Datenblatt, mit dem Namen "HD44780", überall im Internet zu finden.

**Was ist zu erwarten?**

Bevor wir einen Logikanalysator anschließen, machen Sie sich wieder das grundlegende Zusammenspiel bewusst.

- Der Bus Pirate und der Display-Adapter werden via USB mit Strom versorgt. Die Versorgungsspannung beträgt folglich 5 V.
- Das LCD wird durch den Display-Adapter standardmäßig im 4-Bit Modus angesteuert.
- Die Übertragungsgeschwindigkeit ist niedrig, es ist keine hohe Abtastrate nötig.
- Wir brauchen mindestens 7 Kanäle für die Analyse des Protokolls mit dieser Adapterplatine. Bei Geräten im Feld können es sogar 11 sein.

**Anschluss des Logikanalysators**

Da das LCD durch den Adapter im 4-Bit Modus angesteuert wird, werden nur Datenleitungen für DB4 bis DB7 benötigt. Das Datenblatt verrät uns, dass in diesem Fall die "unteren" vier Datenleitungen, DB0 bis DB3, im 4-Bit Modus ungenutzt bleiben.

| Signal | No. of Lines | I/O | Device Interfaced with | Function |
|---|---|---|---|---|
| RS | 1 | I | MPU | Selects registers.<br>0: Instruction register (for write) Busy flag: address counter (for read)<br>1: Data register (for write and read) |
| R/$\overline{W}$ | 1 | I | MPU | Selects read or write.<br>0: Write<br>1: Read |
| E | 1 | I | MPU | Starts data read/write. |
| DB4 to DB7 | 4 | I/O | MPU | Four high order bidirectional tristate data bus pins. Used for data transfer and receive between the MPU and the HD44780U. DB7 can be used as a busy flag. |
| DB0 to DB3 | 4 | I/O | MPU | Four low order bidirectional tristate data bus pins. Used for data transfer and receive between the MPU and the HD44780U.<br>These pins are not used during 4-bit operation. |

*Bild 3.67 Das Datenblatt verrät uns die relevanten Anschlüsse des HD44780 Protokolls*

Der Logikanalysator muss zur Analyse des HD44780-Protokolls also an insgesamt sieben Kontakten angeschlossen werden, vier davon sind die Datenleitungen, die drei weiteren sind zur Ansteuerung nötig. Das Pinout eines LCDs ist standardisiert und wie folgt belegt:

Common HD44780 pinout

| 1 | 2 | 3 | 4 | 5 | 6 | 7 | 8 | 9 | 10 | 11 | 12 | 13 | 14 | 15 | 16 |
|---|---|---|---|---|---|---|---|---|---|---|---|---|---|---|---|
| GND | +5volt | Contrast | RS | RW | EN | D0 | D1 | D2 | D3 | D4 | D5 | D6 | D7 | BLA(+) | BLC(-) |

1. Ground
2. VCC (+5V)
3. Contrast adjustment (VO)
4. Register Select (RS). RS=0: Command, RS=1: Data
5. Read/Write (R/W). R/W=0: Write, R/W=1: Read
6. Clock (Enable). Falling edge triggered
7. Bit 0 (Not used in 4-bit operation)
8. Bit 1 (Not used in 4-bit operation)
9. Bit 2 (Not used in 4-bit operation)
10. Bit 3 (Not used in 4-bit operation)
11. Bit 4
12. Bit 5
13. Bit 6
14. Bit 7
15. Backlight Anode (+)
16. Backlight Cathode (-)

*Bild 3.68 Datenblatt-Beschreibung der Anschlüsse eines Displays mit HD44780 Chip*

Sie verwenden nun die ersten 7 Kanäle des Logikanalysators und schließen diese an die vier Datenleitungen, an das E-Signal, das RS-Signal und das RW-Signal an.

Nachdem Sie die Kanäle und den Masseanschluss an die Datenleitungen angeschlossen haben, starten Sie eine Aufzeichnung mit dem Logikanalysator. Stellen Sie die Abtastrate auf einen niedrigen Wert, beispielsweise 2 Mbps, und setzen Sie den Trigger auf die steigende Flanke des "E" Anschlusses um den Start der Datenübertragung als Auslöser der Aufzeichnung zu nutzen.

Der aufgezeichnete Stream zeigt Signal-Aktivität auf allen angeschlossenen Kanälen. Das sieht schon mal gut aus. Prägen Sie sich solch eine Wellenform als Referenz für zukünftige Analysen solcher Dot-Matrix-Displays ein, wenn Ihnen in Ihrem Leben weiterhin solchen Displays regelmäßig bei der Fehlersuche begegnen könnten.

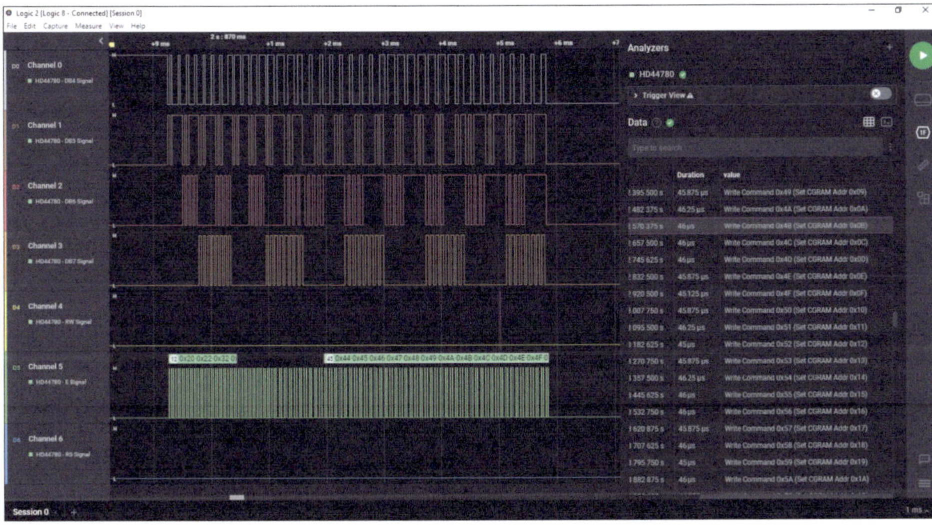


*Bild 3.69 Darstellung des Datenstroms eines HD44780-Protokolls in der Saleae Software*

Um nun mit einem HD44780-Protokollanalysator die aufgezeichneten Daten zu entschlüsseln, müssen die einzelnen Signale den jeweiligen Kanälen zugeordnet werden. Bei Ihrem Logikanalysator sollten die Einstellungen ähnlich aussehen wie im Beispielbild, wichtig zu beachten ist hierbei, dass die "oberen" vier Datenleitungen genutzt werden, also DB4 bis DB7.

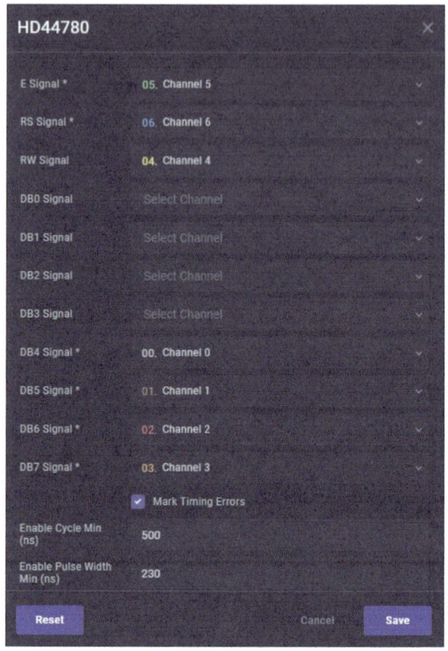


*Bild 3.70 Einstellungen für die HD44780 Protokollanalyse*

Der Protokollanalysator hat nun die Datenübertragungen an das LCD entschlüsselt und in einer übersichtlichen Tabelle sind alle erfassten Ereignisse aufgelistet.

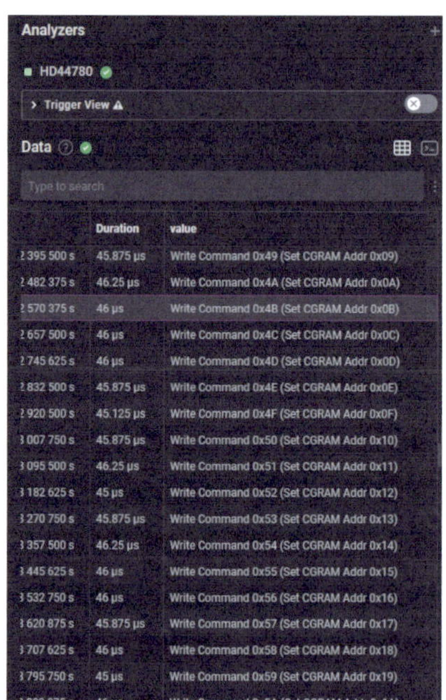


*Bild 3.71 Tabellarische Darstellung der HD44780 Daten*

## 3.8 Das 1-Wire Protokoll

Der Temperatursensor DS1820 arbeitet mit dem 1-Wire Protokoll. Der Sensor ist in mehreren Varianten erhältlich und seine Datenwerte können sich dadurch unterscheiden, aber das Funktionsprinzip bleibt das Gleiche.

Da Sie in diesem Buch nun schon einige Experimentierschaltungen und Protokolle analysiert haben, konzentrieren wir uns in diesem Beispiel auf die Untersuchung der vom Sensor übertragenen Daten.
Der DS1820 ist mit allen gängigen Mikrocontrollern und auch mit dem Raspberry Pi verwendbar. Das 1-Wire Protokoll und der Sensor sind allgemein unterstützt und Sie dürften keine Probleme haben, eine Bibliothek dafür zu finden.
Für den Arduino finden Sie diese in der schon im Kapitel zur Wetterstation angesprochenen Bibliotheksverwaltung der IDE.
Für Python auf dem Pi und für MicroPython auf dem Pico haben Sie auch schon in den Kapiteln zu NeoPixel und Grafik-Display die dafür nötige Vorgehensweise kennengelernt.

In diesem Kapitel konzentrieren wir uns auf die Analyse des 1-Wire Protokolls und der Überprüfung der Daten; im Zusammenspiel mit dem dazugehörigen Datenblatt. Eine Methodik, die bislang noch nicht explizit demonstriert wurde, da wir uns bei der Analyse des I²C-Protokolls nur auf die Kommunikation zwischen den Bausteinen konzentriert hatten und nicht in die übertragenen Daten hineingeschaut haben.

Laden Sie sich das Datenblatt des DS1820 herunter. Das werden Sie brauchen.

**Anschluss des DS1820 Sensors**
Der Temperatur-Sensor wird mit parasitärer Speisung an dem GPIO-Pin für eine 3,3 V Spannungsversorgung des Raspberry Pi angeschlossen. Die Datenleitung wird mit GPIO4 verbunden.

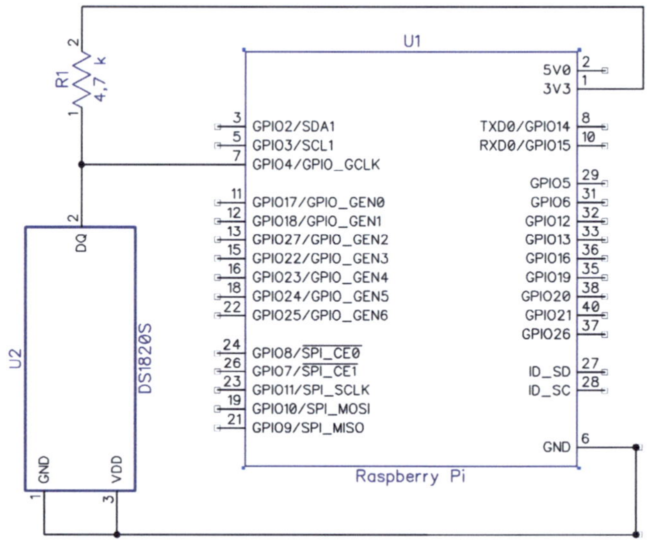


*Bild 3.72 Schaltplan zur Verbindung des Raspberry Pi mit dem DS1820 Sensor*

**Analyse des 1-Wire Protokolls**

Um das 1-Wire Protokoll zu analysieren, verbinden wir den ersten Kanal des Logikanalysators mit dem DQ-Pin des Temperatursensors, den Sie an einem Pi, Pico oder Arduino angeschlossen und eingerichtet haben. Die Masse wird mit einem GND-Pin verbunden. Aktivieren Sie in den Einstellungen des Logikanalysators den Protokollanalysator für das 1-Wire-Protokoll. Die Datenleitung des Sensors, der DQ-Pin, wird hier "1-Wire Signal Line" genannt.

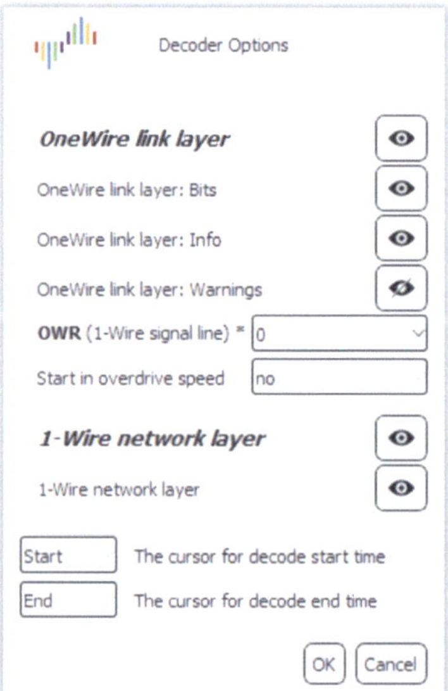


*Bild 3.73 Konfiguration des 1-Wire Protokollanalysators*

Danach starten Sie eine Aufzeichnung des Protokolls. Fragen Sie den Sensor mit Ihrer Software einmal die Sekunde ab und starten Sie eine etwa 5 bis 10 Sekunden lange Aufzeichnung.

In dieser aufgezeichneten Datenübertragung sehen Sie die einzelnen Sequenzen der abgefragten Temperatur. Jeder Sequenz steht der individuelle ROM-Code des Sensors voran, der seine eineindeutige Adressierung ermöglicht. Danach folgen die Datenblöcke.
Der Protokollanalysator stellt auch sofort den Bubble-Stream mit dem Inhalt der übertragenen Daten dar.

*Bild 3.74 1-Wire Protokoll mit Bubble-Stream*

Im Datenblatt des DS1820 ist der Inhalt dieser Daten-Bytes aufgeschlüsselt:

**SCRATCHPAD (POWER-UP STATE)**

| | | |
|---|---|---|
| BYTE 0 | TEMPERATURE LSB (AAh) | (85°C) |
| BYTE 1 | TEMPERATURE MSB (00h) | |
| BYTE 2 | $T_H$ REGISTER OR USER BYTE 1* | |
| BYTE 3 | $T_L$ REGISTER OR USER BYTE 2* | |
| BYTE 4 | RESERVED (FFh) | |
| BYTE 5 | RESERVED (FFh) | |
| BYTE 6 | COUNT REMAIN (0Ch) | |
| BYTE 7 | COUNT PER °C (10h) | |
| BYTE 8 | CRC* | |

*Bild 3.75 Inhalt der Daten-Bytes des DS1820 Temperatursensors*

Für die Berechnung der Temperatur sind die letzten neun Bytes der Sequenz relevant. Wenn Sie in die angezeigte Wellenform hineinzoomen, können Sie diese sehen:

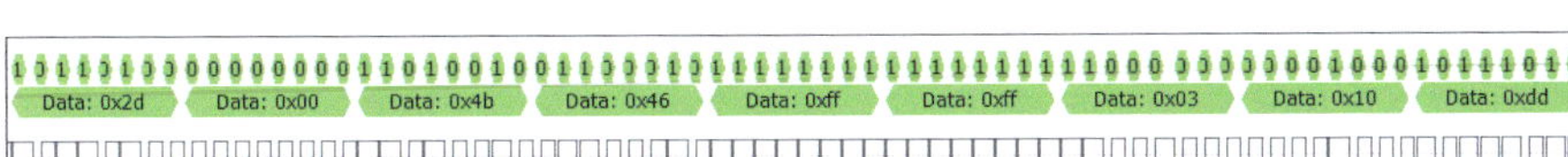


*Bild 3.76 Datenfelder des DS1820 Sensors im Bubble-Stream*

Der Protokollanalysator stellt diese Datenblöcke übersichtlich in einer Tabelle dar:

ROM command: 0x55 'Match ROM'
ROM: 0xe1000802db5e2110
Data: 0x44
Reset/presence: true
ROM command: 0x55 'Match ROM'
ROM: 0xe1000802db5e2110
Data: 0xbe
Data: 0x2d
Data: 0x00
Data: 0x4b
Data: 0x46
Data: 0xff
Data: 0xff
Data: 0x03
Data: 0x10
Data: 0xdd

*Bild 3.77 Decoder-Tabelle der DS1820 Datenblöcke*

Der Einfachheit halber könnten Sie die Radix auch auf eine Dezimalanzeige stellen.

**Benötigte Datenfelder**

Für die Berechnung der Temperatur benötigen Sie nur vier Bytes (Byte 0 , 1 , 6 und 7) aus dieser Sequenz:

| Wert in hex | Dezimalwert |
|---|---|
| 0x2d | 45 |
| 0x00 | Positiver Temperaturbereich |
| 0x03 | 3 |
| 0x10 | 16 |

**Berechnung der Temperatur:**

Die Formel zur Berechnung ist im Datenblatt des Sensors zu finden:

$$\text{TEMPERATURE} = \text{TEMP\_READ} - 0.25 + \frac{\text{COUNT\_PER\_C} - \text{COUNT\_REMAIN}}{\text{COUNT\_PER\_C}}$$

*Bild 3.78 Berechnungsformel des Temperaturwertes aus dem Datenblatt des Sensors*

**Der Rechenweg:**

temp = 45 / 2 + ((16 – 3) / 16 )
temp = 22,5 + 0,8125
temp = 23,3125 °C

Die Überprüfung der Temperatur, die ein DS1820 Sensor über der 1-Wire Bus überträgt, ist also mit einigen Schritten zwischen Datenblatt und den mit dem Protokollanalysator aufgezeichneten Werten möglich.

### 3.8.1 Quellcode DS1820

```
#!/usr/bin/python
# misst Temperaturen mit DS1820
# in die /boot/config.txt folgende Zeile einfügen:
# dtoverlay=w1-gpio,gpiopin=4,pullup=on
#

import time
while 1:
    time.sleep(2)
    # die Devicenummer 10-00080057301a oder 28-0000074b57ed muss angepasst werden
    # mit dem Befehl "ls" im Verzeichnis suchen und hier einsetzen:
    tempfile = open("/sys/bus/w1/devices/10-000802db5e21/w1_slave")
    inhalt = tempfile.read()
    tempfile.close()
    tempdata = inhalt.split("\n")[1].split(" ")[9]
    temperatur = float(tempdata[2:])
    temperatur = temperatur/1000
    print "Temperatur betraegt: " + str(temperatur) + " Grad"

# EOF
```

## 3.9 Abschließende Bemerkungen zu den Protokollen

Wie Sie am Beispiel der Analyse des 1-Wire Protokolls bemerkt haben, ist Ihnen die Vorgehensweise zur Untersuchung eines neuen Protokolls schon geläufig.
Egal welches Protokoll Sie vor sich liegen haben, Sie können nun auf das eingeübte Wissen der vorherigen Kapitel zurückgreifen und mit Ihrem Logikanalysator beliebige Analysen vornehmen. Jede Experimentierschaltung und jedes behandelte Protokoll beinhalteten die notwendigen Bausteine für die selbstständige Analyse von Protokollen und der Untersuchung von digitalen Schaltungen, die Ihnen nun im Feld begegnen können. Das dazugehörige Kochrezept sieht ungefähr so aus:

Grundsätzliche Überlegungen:

- Gibt es ein Datenblatt zu dem Protokoll oder Baustein?
- Mit welchen Logik-Pegeln ist zu rechnen?
- Wie ist die Schaltung aufgebaut?
- Ist es ein synchrones oder asynchrones Protokoll?

Danach geht es mit dem Logikanalysator weiter:

- Gibt es einen Protokollanalysator zu dem Protokoll?
- Sind die Tastköpfe für die Erfassung der Signale geeignet?
- Welche Kontakte eigenen sich für den Anschluss des Logikanalysators?

Dann folgen die grundlegenden Überprüfungen:

- Sieht die Wellenform plausibel aus?
- Wie sieht die Signalintegrität aus?

Der letzte Schritt, wenn nötig, ist die Analyse der Daten:

- Welche Sequenzen des Datenstroms sind relevant?
- Welche Art Trigger ist notwendig?
- Wie können diese Sequenzen interpretiert werden?

Nachdem Sie die Grundzüge des Umgangs mit einem Logikanalysator nun erlernt haben, kommen wir zu möglichen Fallstricken bei der Untersuchung von Protokollen.

# Kapitel 4 • Fallstricke

## 4.1 Fehler und Probleme bei Messungen

Die saubere und fehlerfreie Erfassung eines digitalen Signals mit Ihrem Logikanalysator ist wichtig für die Fehlersuche in einer digitalen Schaltung. Wenn Sie die Logikpegel aufgrund eines schlechten Kontaktes Ihres Tastkopfes nicht richtig erfassen, können Sie Stunden damit verbringen, einen Fehler zu finden, den es gar nicht gibt. Das Problem lag dann die ganze Zeit nicht an der Schaltung, sondern an Ihrem Testaufbau. Aber Sie können auch durch die Messung die Schaltung so stark belasten, dass diese zu untersuchende Schaltung nicht mehr funktioniert. Wenn eine Schaltung auf Ihrem Messtisch mehr Probleme macht als im normalen Betrieb, dann deutet dies auf ein Problem mit Ihrem Testaufbau hin.

Es gibt einige Stolperfallen und zu beachtende Probleme, insbesondere bei hochfrequenten Schaltungen, die einem die Fehlersuche schwer machen können. Man ist sich derer nicht bewusst, besonders wenn man seinen Logikanalysator schon seit einiger Zeit bei "langsamen" Schaltungen erfolgreich eingesetzt hat. Doch plötzlich ist man bei schnellen Signalen nicht mehr in der Lage, bei einer vor sich liegenden Platine ein sauberes Sample aufzuzeichnen, und man fragt sich, was nun eigentlich los ist. Die Antwort ist oft einfach, die Problembehebung aber ungleich schwerer.

Nachfolgend möchte ich Ihnen ein paar der gängigsten Stolperfallen vorstellen und auch auf mögliche Lösungen hinweisen.

## 4.2 Die Tastköpfe

Die Auswahl des richtigen Tastkopfs und ein gut geeigneter Anschlusspunkt an die Schaltung wird bei schnellen Signalen immer wichtiger. Der ideale Testaufbau verwendet die richtigen Tastköpfe für die geforderte Messung.

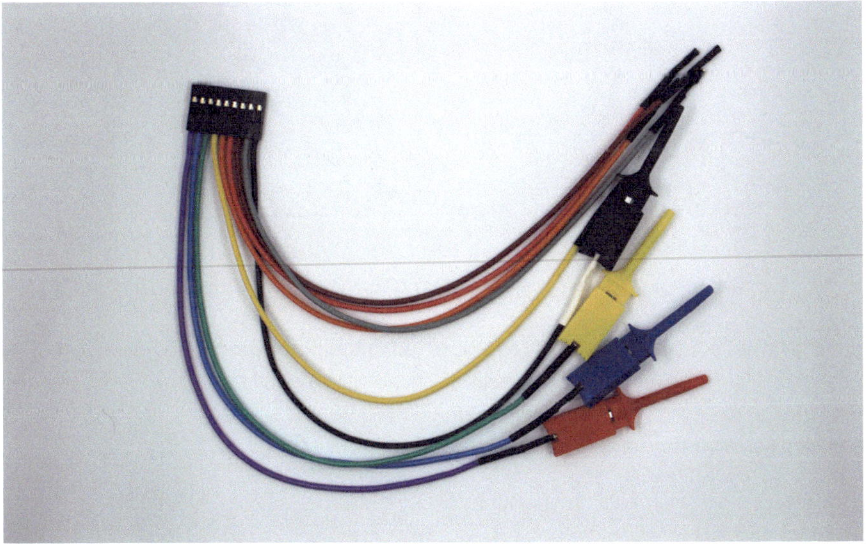

*Bild 4.1 Ungeschirmte Kabelpeitsche sind für niedrigere Frequenzen geeignet*

**Aber was sind die richtigen Tastköpfe?**
Jeder Logikanalysator wird mit Tastköpfen geliefert. Je nach Gerät sind diese mal mehr, mal weniger gut gemacht. Es gibt die einfachen Kabelpeitschen und Flachbandleitungen, wie sie bei den günstigeren Modellen mitgeliefert werden.

Für die meisten Messungen, die sich bei langsameren Signalen abspielen, sind solche einfachen Tastköpfe ausreichend. Beim Abgriff von Signalen in Schaltungen mit höheren Frequenzen, können diese einfachen Leitungen allerdings Probleme machen. Zum einen sind oft nicht genügend Masseanschlüsse herausgeführt, oder die ungeschirmte Leitung des Tastkopfes fängt sich Störungen ein, die die Messung beeinflussen.

Einige Hersteller legen ihren Logikanalysatoren hochwertige Tastköpfe bei. Bei diesen ist jede Tastkopf-Signalleitung durch die Masseleitung ummantelt und so bringt jeder Kanal seine eigene Abschirmung und auch Masseanschluss mit. Solch abgeschirmte Tastköpfe sind bei manchen Messungen der einzige Weg, das Signal sauber und ohne Beeinflussung abzugreifen.

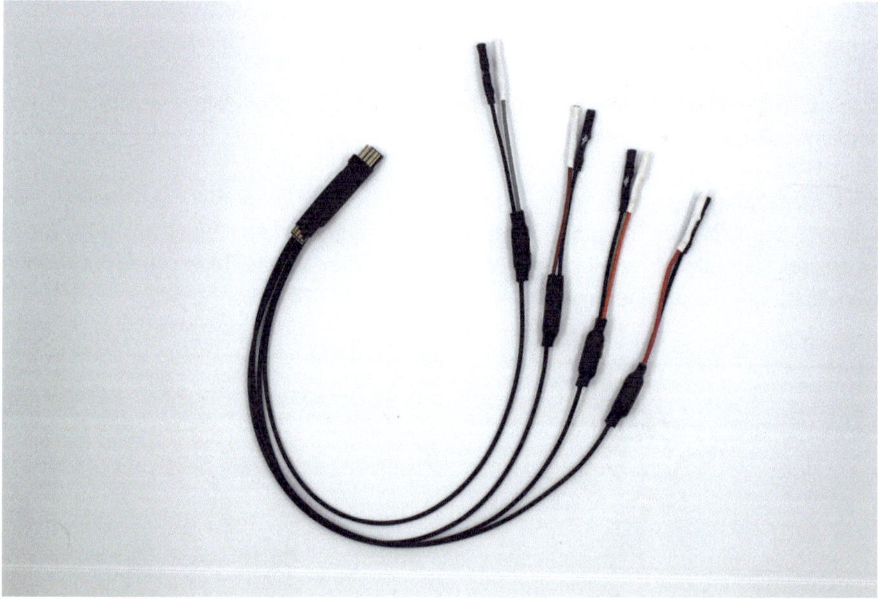

*Bild 4.2 Kabelpeitsche mit geschirmten Leitungen für hohe Taktfrequenzen*

Aber nicht immer sind geschirmte Tastköpfe an allen Punkten nötig, manchmal können einem die überflüssigen Masseanschlüsse auch auf einer Platine mit feinen Strukturen im Weg sein. Am praktischsten ist es, wenn der Logikanalysator dann eine Auswahl an Tastköpfen mitliefert, von denen ein paar auch einfach und schlank gehalten sind.

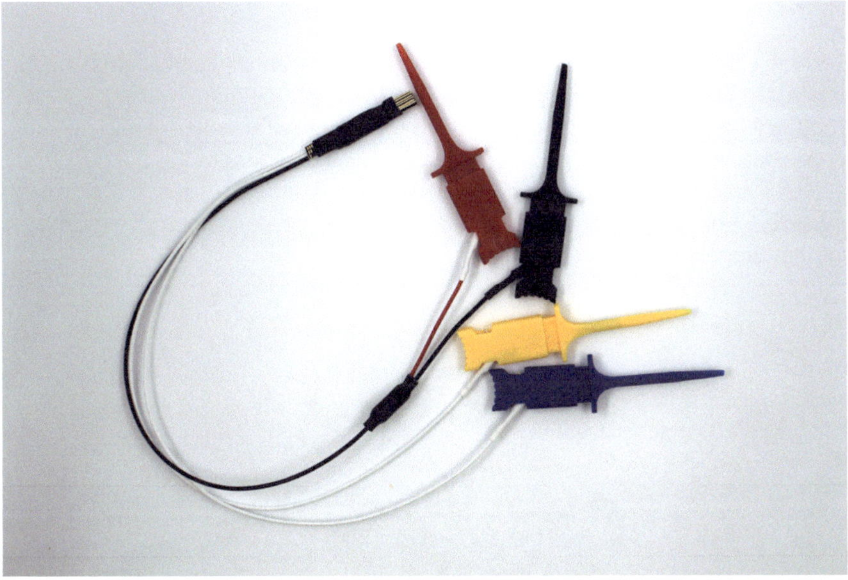

*Bild 4.3 Eine teilweise geschirmte Kabelpeitsche für gemischte Signale*

Die Hersteller liefern zu ihren Logikanalysatoren zumeist die am besten dafür geeigneten Tastköpfe mit. Ein einfacher Logikanalysator, der nur wenige MHz Bandbreite hat, braucht keine aufwändig geschirmten Tastköpfe.

## 4.3 Der ideale Testaufbau

Der Anschluss der Tastköpfe an die zu untersuchende Schaltung ist nicht immer ganz einfach. Die Verwendung guter Tastköpfe und eines guten Kontaktes beim Abgreifen der Signale kann Ihnen stundenlanges Kopfzerbrechen bei der Suche nach nichtexistierenden Problemen ersparen. Wackelig aufgesetzte Tastköpfe, die keinen guten Kontakt herstellen, können die merkwürdigsten Signale erzeugen, oder auch überhaupt kein Signal erfassen. Es gibt verschiedene Möglichkeiten, einen sauberen Abgriff von Signalen sicherzustellen:

**Eine eingebaute Testschnittstelle**

Falls Sie beim Design der Leiterplatte Einfluss nehmen können, kann es für den weiteren Entwicklungsprozess vorteilhaft sein, eine feste Schnittstelle auf der Platine zum Anschluss des Logikanalysators vorzusehen. So kann ein passendes Anschlusskabel gefertigt werden, welches mit einem Klick angeschlossen wird. Kontaktschwierigkeiten können so vermieden werden, die Signalintegrität des Abgriffs ist immer gewährleistet und beim Entwicklungsprozess der Schaltung kann viel Zeit gespart werden.
Eine ähnliche Debug-Schnittstelle kennen Sie sicher schon aus Mikroprozessorschaltungen: die JTAG-Schnittstelle zum Programmieren und Debuggen von Programmabläufen. Warum also nicht eine weitere Schnittstellenbuchse, oder eine Stiftleistenreihe, zum Anschluss eines Logikanalysators vorsehen?
Eine weitere Möglichkeit kann eine Anzahl von Testpunkten, Kontaktpads und anderen Befestigungsmöglichkeiten für die Tastköpfe sein, die beim Design schon berücksichtigt werden. Mit einer Klemme oder Greifer kann der Tastkopf dann sicher befestigt werden.

### Greifer

Wenn Sie eine Leiterplatte untersuchen, die keinen eingebauten Logikanalysator-Anschluss hat, können Sie Greifer verwenden, die an die Tastköpfe geklippt werden. Diese kleinen Greifer haben feine zangenartige Drähte, die Sie so ziemlich an Allem anschließen können, was aus der Platine herausschaut. Diese mit einem Haken oder Greifer ausgestatteten kleinen Testclips liegen oft dem Logikanalysator bei, oder können bei jeden Elektronikhändler bestellt werden. Egal ob Drähte, Stifte oder Prüfpunkte, diese kleinen Greifer machen eine Abnahme der Signale fast immer möglich.

*Bild 4.4 Greifer eines Testclips mitten im Zugriff*

### Stiftleiste

Die meisten Tastköpfe sind mit einer kleinen Steck-Buchse versehen. Diese können Sie direkt an einer Stiftleiste auf der Platine anschließen. Der einfachste, sicherste und beste Weg, eine Analyse der Signale vorzunehmen. Bei "langsamen" Schaltungen sind solche Stiftleisten einfach in die Schaltung zu integrieren, bei "schnelleren" Schaltungen muss etwas Aufwand beim Schaltungsdesign und Layout der Platine einfließen. Das kann sich aber auszahlen.

*Bild 4.5 Beispielhafter Anschluss eines Tastkopfes mit Pfostenstecker und Clip*

**Breadboard Brücken und Steckdrähte**

Wenn Sie eine Schaltung mit einem Breadboard aufbauen, ist es am einfachsten die Tastköpfe mit kleinen Greifern an die Drahtbrücken oder an das Ende der Steckdrähte anzuschließen.

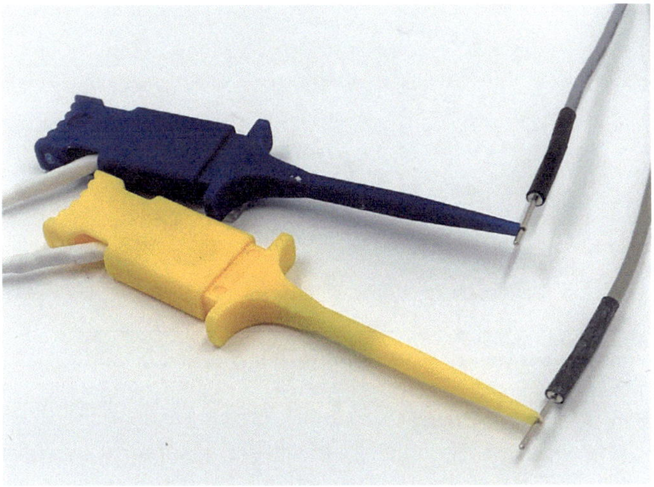

*Bild 4.6 Testclips lassen sich auch gut an den Steckbrücken eines Breadboards anbringen*

Die Greifer lassen sich aber auch an Bauteilen verwenden. Einige Bauteile haben auch heute noch Anschlussbeinchen, die mit solch einem Greifer gefasst werden können. Ein Versuch ist es wert, aber die Gefahr das benachbarte Beinchen gleich mitzuerwischen ist bei der heutigen Miniaturisierung ein immer größer werdendes Problem.

*Bild 4.7 Testclips können auch die Beinchen eines größeren SMD-Bausteins greifen*

### Testpunkte in Padform

Auf vielen Platinen sind Testpunkte in Form von Pads vorhanden. Mit Pogo-Pins können diese sicher abgegriffen werden.

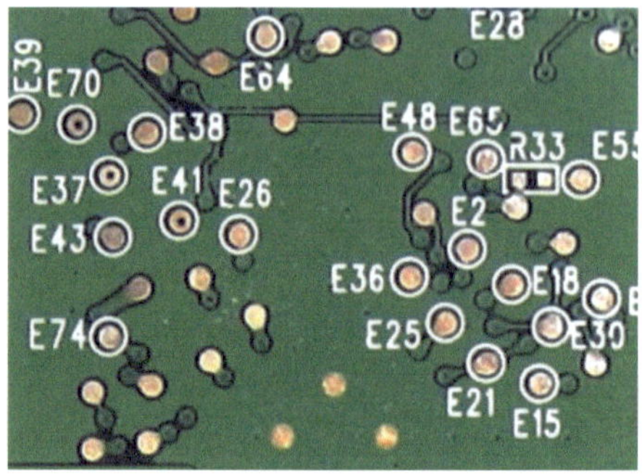


*Bild 4.8 Testpunkte auf einer Platine – PogoPins sind hier am besten für einen Abgriff der Signale geeignet*

### Testpunkte in Pin oder Bügelform

Es gibt sie manchmal noch, insbesondere auf älteren Platinen waren diese oft zum Anschließen von Oszilloskopen vorgesehen. In vielen Fällen kann man sie aber auch für den Logikanalysator verwenden.

Manchmal sind sie auf der Platine nicht bestückt, aber mit einem beherzten Griff zum Lötkolben und einer Auswahl der gängigsten Testpins und -bügel, kann man sich einen sicheren Abgreifpunkt schaffen.

*Bild 4.9 Bügelförmige Abgriffe*

Bild 4.10 Pin-Testpunkte auf einer Rasterplatine

**Angelötete Drähte**

Auf manchen Platinen gibt es keine freiliegenden Anschlussbeinchen oder Testpunkte, an denen Sie einen Tastkopf anschließen können. In diesen Fällen können Sie einen Draht anlöten, an dem Sie den Tastkopf anschließen. Ab und an lässt sich ein Bauteil-Pad mitnutzen, manchmal kann man den Lötstopplack von einer Leiterbahn freikratzen, um einen feinen Draht daran anzulöten oder um mit einem Pogo-Pin-Tastkopf einen Kontakt herzustellen.

Solche sehr feinen Drähte können Sie sich aus einer Kupferdrahtlitze herstellen. Entfernen Sie die Isolierung und lösen Sie die miteinander verdrillten Drähte voneinander. Ein einzelnes Drähtchen aus diesem Bündel können Sie dann zum Anlöten an ein Bauteil-Beinchen verwenden.

Bild 4.11 Einzeldrähte einer Litze

*Bild 4.12 Signalabgriff mit einem angelöteten Drähtchen aus einer Litze*

Markieren Sie auch die angelöteten Drähte oder machen Sie sie durch unterschiedliche Farben gut unterscheidbar. Schnell hat man die Kontakte verwechselt und einen Tastkopf an ein falsches Signal angeschlossen. Man ärgert sich hinterher, warum man nicht 5 Minuten mehr Zeit in die Markierung der Testpunkte investiert hat.

## 4.4 Ground Loops

Masseschleifen treten auf, wenn zwei Punkte eines Stromkreises auf demselben Bezugspotential liegen, aber eine Spannungsdifferenz zwischen ihnen besteht. Dieser Zustand kann auftreten, wenn es in einem Stromkreis mehrere Rückleitungen zu einem gemeinsamen Punkt gibt. Nicht immer ist die Platine, die Sie untersuchen möchten, perfekt designed. Das Schaltungs-Layout kann Probleme haben, die die Signalintegrität beeinträchtigen.

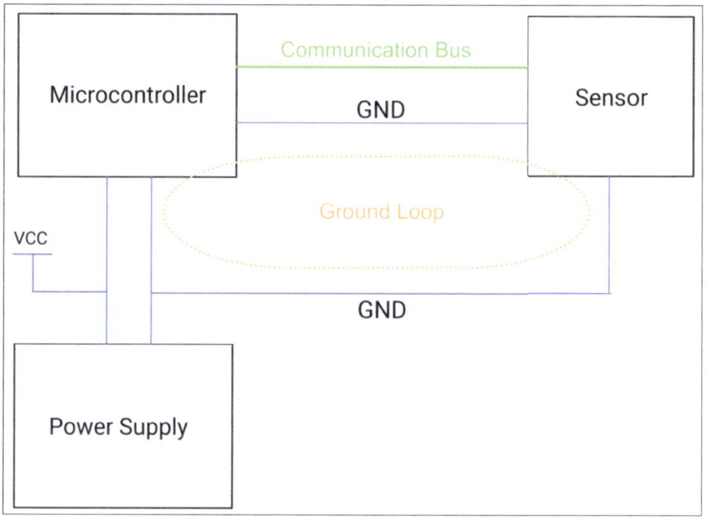


*Bild 4.13 Beispiel einer Masseschleife*

Solche Masseschleifen wirken wie Induktivitäten und behindern bei hohen Frequenzen den Stromfluss. Infolgedessen kann es beim Anschluss eines Logikanalysators zu einer Verschlimmerung des Problems kommen und im ungünstigsten Fall ist keine saubere Analyse der Signale möglich.

Mögliche Lösungen: Positionieren Sie die Tastköpfe anders, variieren Sie die Masseanschlüsse, versuchen Sie einen besseren Testpunkt im Stromkreis zu finden.

## 4.5 Masseverbindungen bei hohen Frequenzen

Bei niedrigen Frequenzen (ungefähr zwischen 5 und 10 MHz) und einer geringen Anzahl von Kanälen (beispielsweise 4 oder 8 Kanäle) können Sie beim Anschluss des Logikanalysators an Ihre zu untersuchende Schaltung einen einzigen Masseanschluss verwenden. Mit zunehmender Frequenz und Anzahl angeschlossener Kanäle nutzt jedoch mehr Strom diese eine Masseverbindung am Logikanalysator als Rückweg und die Selbstinduktion des Kabels beginnt schnelle Signale zu verfälschen. Verschliffene Signalflanken und andere merkwürdige Effekte können durch den an der einen Masseverbindung entstandenen Spannungsabfall entstehen und die Messung beeinträchtigen.

**Mögliche Lösungen:**

- Besser ist es, bei höheren Frequenzen für jede Signalleitung einen separaten Massenanschluss zu verwenden, der in der unmittelbaren Nähe des Signalabgriffs mit Masse verbunden wird.

- Verwenden Sie hochwertige Tastköpfe, die einen geschirmten Aufbau haben.

*Bild 4.14 Die geschirmte Tastköpfe der DSLogic-Geräte sind gut für hochfrequente Signale geeignet*

## 4.6 Probe Loading

Die meisten Logikanalysatoren verfügen über einen Pull-down-Widerstand in jedem Kanal, der das Eingangssignal mit Masse verbindet. Der Tastkopf wird so auf einen definierten Zustand gezogen und kleinere Störsignale können die Messung des Tastkopfes nicht so einfach verfälschen. Dabei tritt das sogenannte Probe-Loading auf.

Der Eingangswiderstand eines Tastkopfes liegt oft im Bereich von 100 kΩ bis 100 MΩ. Die zu untersuchende Schaltung sollte in der Lage sein, genügend Strom zu liefern, der durch den Pull-Down-Widerstand fließen möchte. Viele moderne Chips, beispielsweise FPGAs, können jedoch nicht mehr als ein paar mA oder µA treiben. Ein Pull-Down-Widerstand, mit beispielsweise 100 kΩ, kann dazu führen, dass die Spannung zusammenbricht und so die Signalintegrität beeinflusst. So erfasste Signale sind ungenau und wertlos.

Tastköpfe haben auch eine gewisse Kapazität, entweder durch den Aufbau der Eingangsschaltung oder durch die Beschaffenheit des Steckers und des Kabels. Bei höheren Frequenzen verhält sich dies wie ein Kondensator, was für viele digitale Schaltungen ein Problem darstellen kann. Bei 100 MHz hat ein 10 pF-Kondensator beispielsweise eine Impedanz von etwa 150 Ω. Verwenden Sie deshalb Tastköpfe mit einer möglichst geringen Kapazität.

Jedes Mal, wenn Sie einen Tastkopf an eine Schaltung anschließen, belasten Sie die Schaltung – auch wenn es sich nur um eine sehr kleine Last handelt, hat sie einen Einfluss. Sondenwiderstand, Kapazität und Induktivität bilden die Impedanz der Sonde und bei hohen Frequenzen kann diese Impedanz Probleme verursachen. Einige Systeme funktionieren unter einer solchen Belastung möglicherweise nicht richtig, es kommt zu unerklärbaren Fehlern. Im günstigsten Fall erhalten Sie nur ungenaue Messwerte.

**Mögliche Lösungen:**

- Verwenden Sie zum Abgreifen der Signale nur gute Tastköpfe oder möglichst kurze Drähte, falls Sie Abgreifpunkte für die Tastköpfe anbringen müssen, damit Sie die kleinstmöglichen elektrischen Übergänge und Oberflächen in die Messung einbringen und Sie die Induktivität möglichst nicht erhöhen.

- Wenn Sie eine Schaltung haben, die beim Anschluss eines Logikanalysators plötzlich verrücktspielt, dann können Sie durch ein Schritt-für-Schritt-Anschließen der Tastköpfe herausfinden, wo der neuralgische Punkt liegt und sich anschließend eine Möglichkeit einfallen lassen, dieses Problem zu umgehen. Möglicherweise können Sie einen anderen Testpunkt finden, der nicht so empfindlich ist, oder Sie können eine kleine Hilfsschaltung konstruieren, mit der Sie das Signal an dieser Stelle auskoppeln können, ohne dass Sie die Schaltung dadurch beeinflussen.

## 4.7 Der richtige Kontaktpunkt

Wenn Sie digitale Signale von Flachbandleitungen oder langen Leiterbahnen abgreifen, arbeiten Sie möglicherweise mit Übertragungsleitungen. Übertragungsleitungen verhalten sich nicht wie einfache Leiterbahnen oder ideale Drähte, sie sind sehr empfindlich gegenüber Reflexionen, Übersprechen und Störungen.

Wenn Sie also in der Mitte einer Übertragungsleitung mit unsachgemäßem Abschluss messen, können Sie ungewollt diese Reflexionen auffangen. Auf einem Oszilloskop sehen diese Reflexionen wie Treppenstufen aus. Ihr Logikanalysator hat mit solchen Treppenstufen Schwierigkeiten, wenn die threshold-voltage in der Nähe dieser Treppenstufe liegt. Sie erhalten dann möglicherweise eine falsche Interpretation des Signal-Pegels und Ihre Messung ist fehlerhaft.

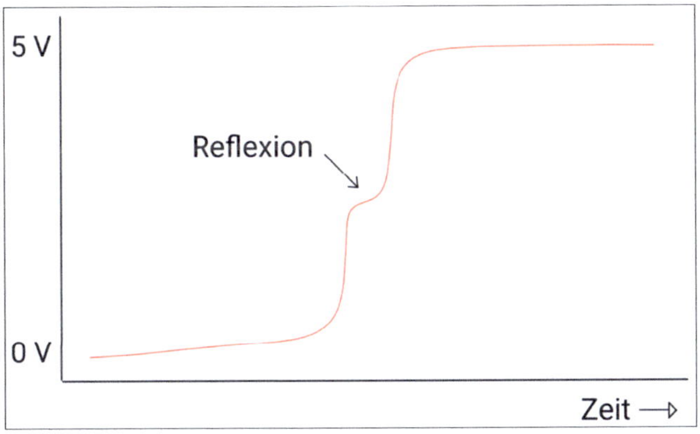


*Bild 4.15 Einfluss einer Reflexion auf das Signal*

Versuchen Sie, in diesem Fall, näher am Empfänger des Signals abzutasten. So können Sie nicht nur den Einfluss der Reflexion vermeiden, sondern auch das Signal aus der Perspektive des Empfängers sehen. Letztendlich ist wichtig, wie das Signal an dessen Eingang aussieht.

Bei Übertragungsleitungen, insbesondere bei hohen Frequenzen, kann das Anbringen einer Abzweigleitung zu Reflexionen in der Leitung führen, die die Signalintegrität beeinträchtigen. Solch eine Stichleitung, oder Stub, die wie ein T-Stück aussieht, führt bei hochfrequenten Signalen zu erheblichen Beeinflussungen.

Um Reflexionen und Störungen zu vermeiden, sollten Sie bei sehr schnellen Signalen solche Stichleitungen und angelötete Drähte nach Möglichkeit vermeiden und andere geeignete Testpunkte für den Tastkopf des Logikanalysators suchen.

Mögliche Lösung: Wenn es nicht anders geht, sollten Sie den Tastkopf so nahe wie möglich am Ende des Signalwegs platzieren, um die Übertragungsleitungen durch den Abgriff der Signale so wenig wie möglich zu beeinflussen.

## 4.8 Eingangsspannungsbereich

Bei der Eingangsspannung der Kanäle gibt es einige Dinge zu beachten:

1. Was ist der sichere Eingangsspannungsbereich für jeden der Kanäle? Einige Analysatoren können nur 0 bis 5 V verarbeiten. Andere haben Schutzschaltungen, die höhere Spannungen zulassen. Nehmen wir an, Sie haben einen Logikanalysator, der an seinen Kanaleingängen ±25 V sicher verarbeiten kann. Dann können Sie den Logikanalysator zum Debuggen von RS-232 Schnittstellen ohne zusätzliche Spannungsteiler-Hilfsschaltung verwenden. Wenn nicht, müssen Sie eine andere Stelle zum Abgreifen der Signale finden.

2. Mit welchen logischen Pegeln werden Sie arbeiten? Wenn Ihr Logikanalysator nur für 5 V TTL-Pegel gedacht ist, hat er vielleicht eine threshold-voltage von 2 V, ab der alle Signale, die diesen Schwellwert überschreiten, als "High" erkannt werden. Wenn Sie solch einen Logikanalysator an eine 1,8 V Logikschaltung anschließen, kann er keine logischen Pegel der Schaltung erkennen. Achten Sie daher auf die Spannungsschwelle(n), die für Ihren Analysator angegeben sind.

**Logik-Pegel und Threshold-Voltage**
Um diese Fragen richtig zu beantworten und fundiert zu handeln, ist es an diesem Punkt vielleicht an der Zeit Ihr Gedächtnis aufzufrischen. Werfen Sie nochmal einen Blick in das Kapitel 2.3 "Logik-Pegel und Threshold-Voltage" in dem ich dies ausführlich erklärt habe.

## 4.9 Einen Logikanalysator als Oszilloskop verwenden

Zu Beginn des Buches habe ich Ihnen nachdrücklich erklärt, dass ein Logikanalysator kein Oszilloskop ist. Dass man keine Messungen von einem Logikanalysator erwarten soll, wofür ein Oszilloskop besser geeignet ist.

Und das ist auch alles richtig und wichtig, vor allem, um zu wissen, wo die Grenzen eines Logikanalysators liegen.

Aber bei der Fehlersuche gibt es keine Regeln. Um den Fehler zu finden, bricht man auch mal mit jeder Regel. Man verwendet alles, was einem die Geräte zur Verfügung stellen, die man gerade zur Hand hat. Es darf jeder schmutzige Trick angewendet werden, um einem hartnäckigen Fehler auf die Schliche zu kommen.

Und wenn nichts anderes zur Hand ist, nutzt man eben auch mal einen Logikanalysator als Ersatz für ein Oszilloskop. Denn wenn der Logikanalysator über Analogeingänge verfügt, dann kann er als einfaches Oszilloskop verwendet werden - wenn die Spannungspegel seine Eingänge nicht überfordern.

Mit einem auf diese Weise eingesetzten Logikanalysator können Sie schnell mal schauen, ob überhaupt ein Signal an einem GPIO-Pin anliegt. Auch wenn Logikanalysator eine gewisse Ungenauigkeit bei Zeitmessung von Signalen aufweisen kann (im Vergleich zu einem guten Oszilloskop), so können Sie doch zumindest herausfinden, ob das Signal überhaupt da ist, oder ob es - so ungefähr - die Eigenschaften aufweist, die es haben sollte.

Wenn alles gut aussieht, können Sie woanders nach dem Fehler weitersuchen. Doch wenn Sie das Problem mit dem Logikanalysator an dieser Stelle schonmal eingrenzen konnten, ist das Ziel erreicht! Falls notwendig und falls Sie es doch noch genauer wissen wollen, können Sie immer noch das Oszilloskop anschließen und das Signal genauer unter die Lupe nehmen.

Es gibt keine Regeln. Hinterher fragt niemand, wie genau man diesen Fehler nun gefunden hat. Jedes lokalisierte Problem und jeder gefundene Fehler ist ein Erfolg!

# Nachwort

**Klemmen Sie Ihren Logikanalysator an und legen Sie los!**
Es gibt wenige Momente im Leben, die dem Gefühl ähneln, wenn man einen hartnäckigen Fehler nach langer Zeit endlich gefunden hat. Dann betrachten Sie zufrieden den Versuchsaufbau, während Sie in Gedanken nochmal die Methodik durchgehen, die Ihnen diesen Erfolgsmoment beschert hat. Genießen Sie das damit verbundene gute Gefühl.

Zu Beginn dieses Buches habe ich Ihnen versprochen, dass Sie eine Hilfestellung bei den ersten Schritten mit Ihrem Logikanalysator bekommen. Dass Sie die richtige Methodik vorgestellt und den einen oder anderen Tipp oder Trick gezeigt bekommen, um erfolgreich Fehler in digitalen Schaltungen aufspüren zu können.

Ich hoffe, ich habe Ihre Erwartungen erfüllt.

Jetzt liegt es an Ihnen. Sie wissen nun alles, was Sie wissen müssen.

Verbessern Sie diese Methoden.
Erweitern Sie Ihr Wissen.
Machen Sie Ihre Fehlersuche besser als meine.

Ich wünsche Ihnen viel Spaß dabei!

# A1 - Anhang - Arbeitsumgebung einrichten

## A1.1 Raspberry Pi Pico und Thonny mit MicroPython

**Überblick**

Der Pico ist standardmäßig zwar auch für die Verwendung von C/C++ eingerichtet, viel einfacher ist es aber MicroPython zu verwenden, eine Version der Programmiersprache Python, die speziell für Mikrocontroller entwickelt wurde.

In diesem Abschnitt des Buches werden Sie lernen, wie man die Programmiersprache MicroPython installiert und verwendet. Dafür verwenden Sie den Texteditor Thonny, der speziell für Python-Programme entwickelt wurde.

*Bild A1-1 Raspberry Pi Pico*

**Installation von MicroPython auf dem Pico**

Bevor MicroPython auf dem Pico verwendet werden kann, muss es erst darauf installiert werden. Diese Installation ist nur einmal zu Beginn nötig, danach werden alle MicroPython Programme automatisch ausgeführt, solange der Pico mit Strom versorgt wird.

Um MicroPython zu installieren, verwenden wir einen PC, der unter Windows 10 oder 11 läuft. Ihr PC muss dafür mit dem Internet verbunden sein. Für Ihren Pico sollten Sie ein passendes Micro-USB-Kabel verfügbar haben, um diesen mit Ihrem PC verbinden zu können.

Führen Sie folgende Schritte für die Installation von MicroPython durch:

1. Stecken Sie das Micro-USB-Kabel in Ihren Pico.

2. Halten Sie die BOOTSEL-Taste auf Ihrem Pico gedrückt. Dies ist ein kleiner runder weißer Taster in der Nähe der USB-Buchse.

3. Während Sie die Taste gedrückt halten, verbinden Sie den Pico mit ihrem PC, indem Sie das USB-Kabel in Ihren PC stecken.

4. Warten Sie 5 Sekunden und lassen Sie dann die BOOTSEL-Taste los.

5. Ihr PC sollte nun den Pico als Wechsellaufwerk mit dem Namen RPI-RP2 im Dateimanager erschienen sein.

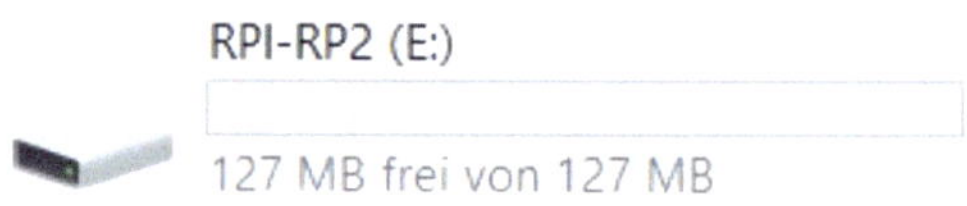


*Bild A1-2 Pico Wechsellaufwerk*

6. Öffnen Sie das Laufwerk. Darin sollten die beiden Dateien "INDEX.HTM" und "INFO_UF2.TXT" zu sehen sein.

*Bild A1-3 Dateien auf dem Pico Wechsellaufwerk*

7. Öffnen Sie die Datei "INDEX.HTM" mit einem Doppelklick in Ihrem Browser. In der Begrüßungsseite sollten Sie eine Kachel mit dem Text "Getting started with MicroPython" zu sehen sein.

*Bild A1.4 MicroPython Start-Kachel*

8. Klicken Sie auf die MicroPython-Kachel und suchen Sie in der sich dann öffnenden Seite in der linken Seitenleiste nach dem Link zu "Drag-and-Drop MicroPython". Dies sollte Sie zu dem Abschnitt führen, der Ihnen die MicroPython UF2 Datei zum Herunterladen anbietet.

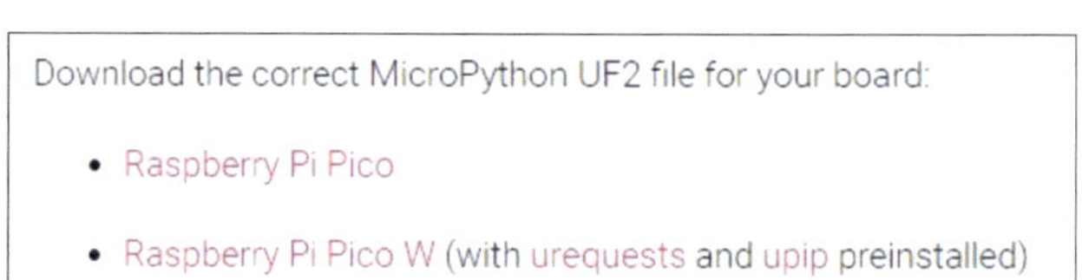


*Bild A1.5 MicroPython Download-Link*

9. Laden Sie die passende Datei für Ihren Pico herunter. Nach wenigen Sekunden sollte diese in Ihren Download-Verzeichnis bereitliegen.

10. Begeben Sie sich mit Ihren Dateimanager in den Download Ordner und suchen Sie die soeben heruntergeladene Datei. Der Dateiname hat die Endung ".uf2" und sollte einen ähnlichen Namen haben wie "rp2-pico-20220906-unstable-v1.19.1-375-ge90b85cc9.uf2"

11. Kopieren Sie diese Datei auf das Wechsellaufwerk "RPI-RP2", also auf Ihren Pico.

12. Nach einem kurzen Moment installiert sich die Firmware automatisch auf Ihren Pico und das Wechsellaufwerk verschwindet ohne Ihr Zutun.

13. Fertig.

Sie haben nun MicroPython auf Ihren Pico installiert. Wenn Sie Ihren Pico ausschalten, bleibt das MicroPython darauf erhalten.

**Verwendung des Thonny Texteditors**
Thonny ist ein Texteditor und eine Entwicklungsumgebung mit integriertem Debugger für Python und MicroPython in einer Oberfläche. Von der Raspberry Pi Foundation unterstützt hat sich diese IDE zu einem de facto Standard für die Programmierung mit den Raspberry Pi Geräten entwickelt und ist für alle gängigen Betriebssysteme kostenfrei erhältlich.

1. Als erstes müssen Sie Thonny für Ihren PC herunterladen. Besuchen Sie dafür mit Ihrem Browser die Webseite https://thonny.org

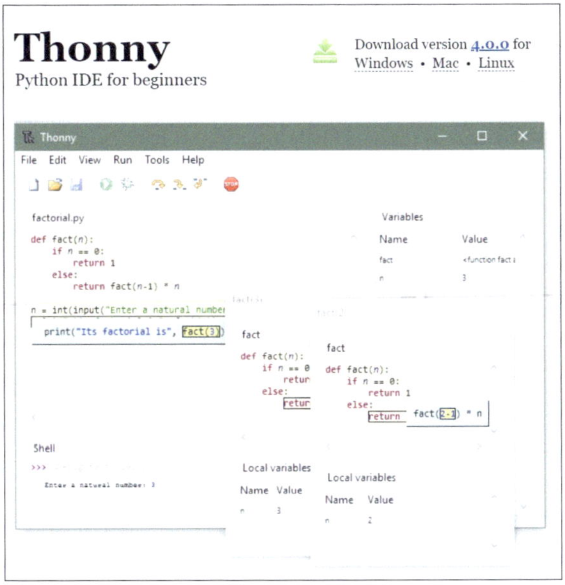


*Bild A1.6 Die Thonny Webseite*

2. Oben rechts auf der Webseite sollten Sie einen Download-Link finden. Laden Sie die passende Variante für Ihren PC herunter und installieren Sie diese.

3. Wenn Thonny das erste Mal gestartet wird, erscheint ein Fenster für die initialen Einstellungen. Egal welche Sprache Sie auswählen, lassen Sie die "Initial Settings" erst einmal auf "Standard" stehen. Drücken Sie "Let's go!"

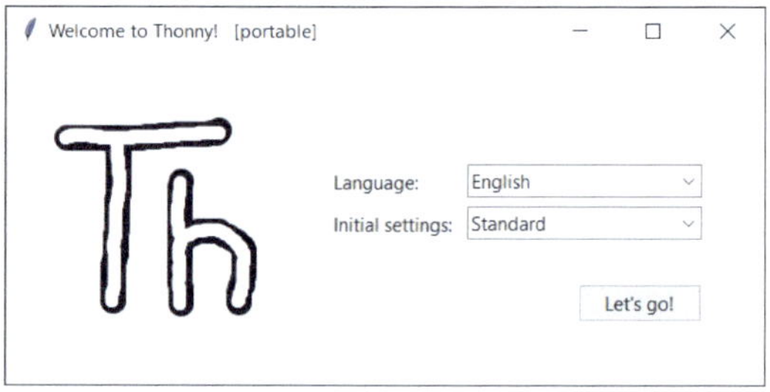


*Bild A1.7 Thonny Sprachauswahldialog*

4. Das Thonny Fenster erscheint. Hier werden Sie Ihre MicroPython Programme schreiben.

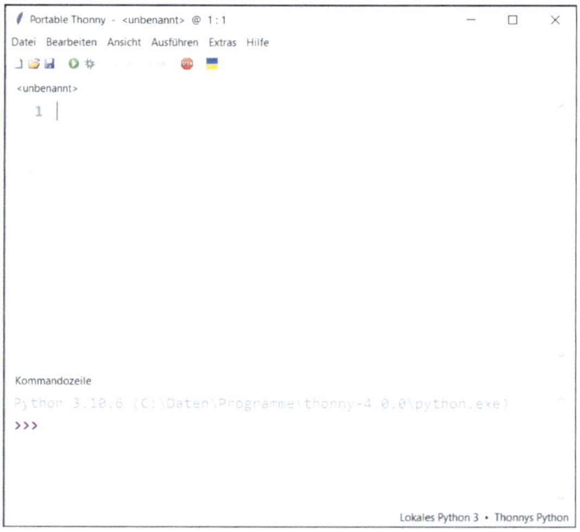


*Bild A1.8 Das Fenster der Thonny Programmierumgebung*

5. Klicken Sie mit der Maus in der rechten unteren Fensterecke auf "Thonnys Python". Ein kleines Auswahlmenü sollte erscheinen. Wählen Sie darin Ihren Pico aus, der mit dem USB-Kabel mit dem PC verbunden ist.

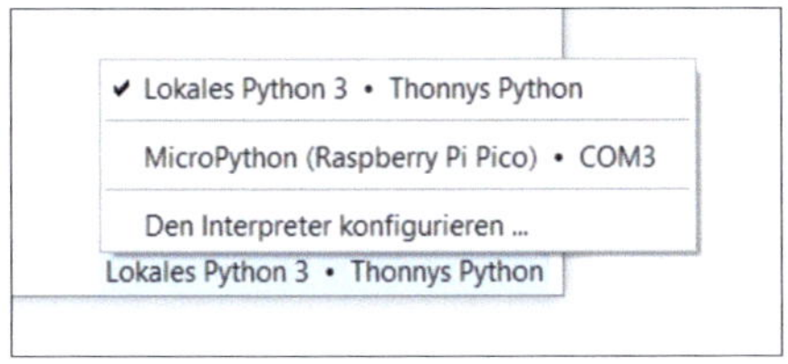


*Bild A1.9 Auswahl des Pico in den Verbindungseinstellungen von Thonny*

6. Die Ausgabe der Kommandozeile von Thonny sollte sich nun geändert haben und eine Zeile mit dem Inhalt "Raspberry Pi Pico with RP2040" sollte zu sehen sein. In der rechten unteren Fensterecke sollte der COM-Anschluss des Pico angezeigt werden.

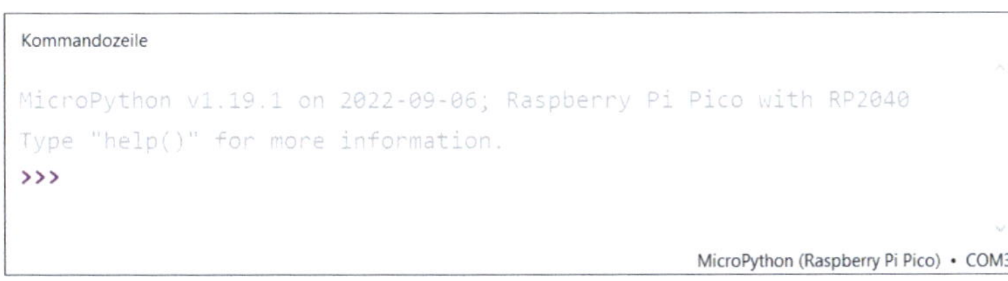


*Bild A1.10 Thonny und Pico sind verbunden*

7. Fertig. Sie können nun Ihre MicroPython-Programme schreiben. Geben Sie für einen kleinen Test in der Kommandozeile von Thonny, hinter den drei Pfeilen, ein kleines "Hello World"-Programm ein.

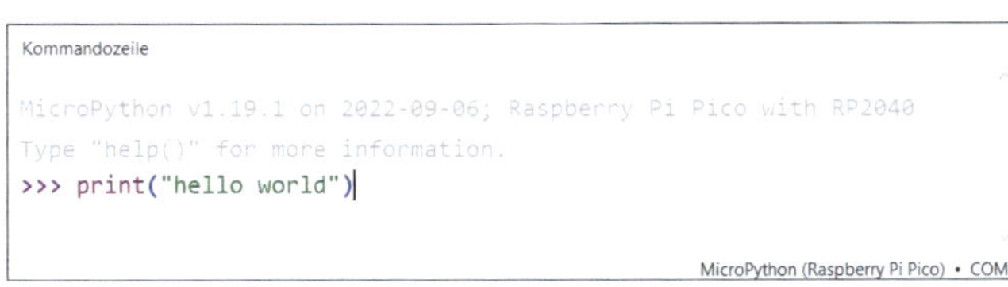


*Bild A1.11 "Hello World" in Thonny*

Nach dem Drücken der Return-Taste sollte ein "hello world" ausgegeben werden.

*Bild A1.12 Ausgabe des "hello world" Tests*

8.) Ihr Pico ist nun getestet und einsatzbereit!

**Übrigens:**
Sie können Ihre MicroPython Programme auf dem Pico bedenkenlos abspeichern. Auch wenn Sie den MicroPython Interpreter mit einer neuen Version der ".uf2" Datei aktualisieren, bleiben Ihre auf dem Pico abgespeicherten Programme erhalten.

Wenn Sie Ihre in Thonny geschriebenen Programme abspeichern möchten, wird Sie Thonny nach dem Speicherort fragen.

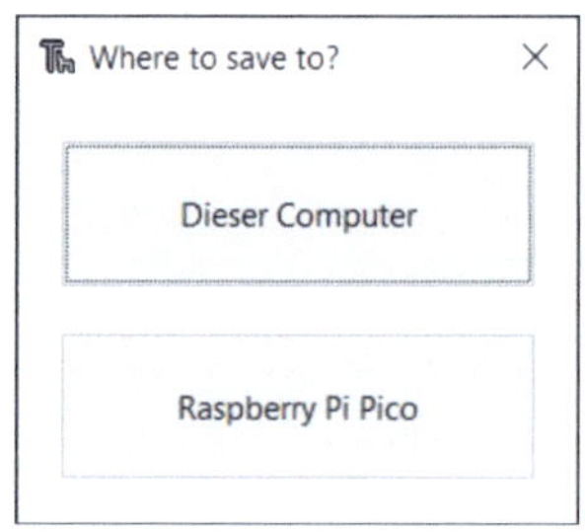


*Bild A1.13 Auswahl des Speicherorts in Thonny*

Sie können hier Ihren Pico auswählen und so alle Programme auf dem Pico selbst bereithalten und immer mitnehmen. Das ist praktisch, wenn Sie einmal den Rechner wechseln.

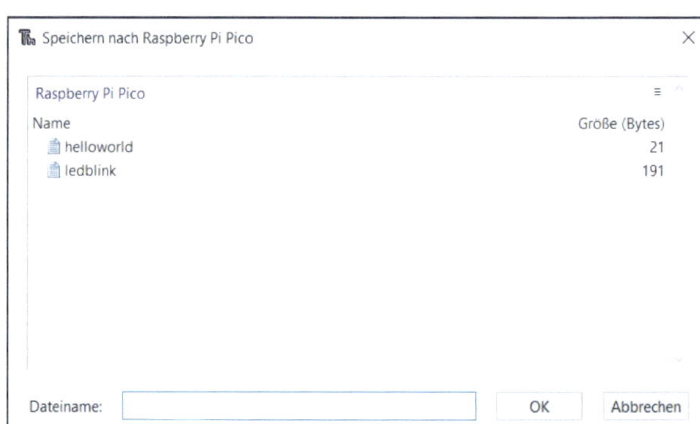


*Bild A1.14 Gespeicherte Programme auf dem Pico*

Wenn Sie mit Thonny ein abgespeichertes Programm öffnen möchten, wird Ihnen genau wie beim Abspeichern ein Auswahldialog für den Speicherort angezeigt.

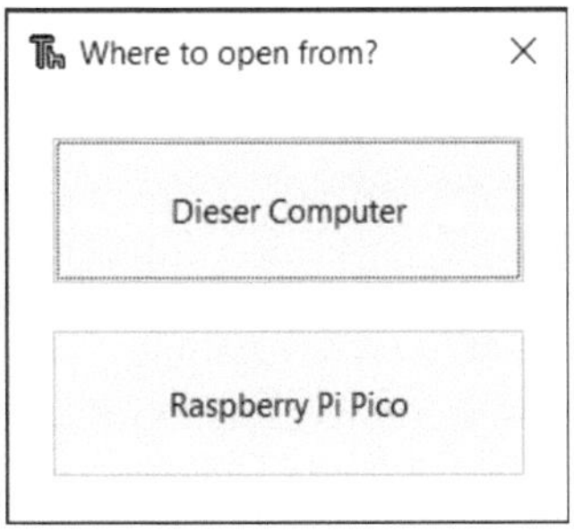


*Bild A1.15 Auswahldialog zum Öffnen eines gespeicherten Programms*

Diese Auswahldialoge für den Speicherort werden Ihnen nur angeboten, wenn Ihr Pico via USB mit dem PC verbunden ist. Ein geladenes Programm können Sie mit der Taste F5 starten und mit Ctrl+F2 wieder stoppen.

## A1.2 Raspberry Pi Pico und Thonny mit CircuitPython

**Überblick**

Der Pico ist standardmäßig für die Verwendung von MicroPython gedacht, unter bestimmten Vorrausetzungen ist es jedoch viel einfacher CircuitPython zu verwenden, eine Variante der Programmiersprache MicroPython. CircuitPython bringt eine umfangreiche Bibliothekssammlung mit, um die verschiedenste Hardware mit dem Raspberry Pi Pico ansteuern zu können. Es gibt Code-Beispiele und eine umfangreiche Dokumentation, um schnell mit einem Hardware-Projekt starten zu ksönnen. Die Hardware aus dem Adafruit-Shop, aber auch baugleiche Hardware aus einer anderen Quelle, wird von diesen Bibliotheken unterstützt. Auf diese getesteten Bibliotheken und Beispiele zugreifen zu können, kann viel Zeit bei der Softwareentwicklung einsparen.

*Bild A1.16 Raspberry Pi Pico*

In diesem Abschnitt des Buches werden wir lernen, wie man CircuitPython installiert und mit der Programmiersprache MicroPython verwendet. Dafür verwenden wir den Texteditor Thonny, der speziell für Python-Programme entwickelt wurde.

**Installation von CircuitPython auf dem Pico**

Bevor Sie CircuitPython auf dem Pico verwendet werden können, müssen Sie es erst darauf installieren. Diese Installation ist nur einmal zu Beginn nötig, danach werden alle CircuitPython Programme automatisch ausgeführt, solange die Datei "code.py" genannt wurde und der Pico mit Strom versorgt wird.

Um CircuitPython zu installieren, verwenden wir einen PC, der unter Windows 10 oder 11 läuft. Ihr PC muss dafür mit dem Internet verbunden sein. Für Ihren Pico sollten Sie ein passendes Micro-USB-Kabel verfügbar haben, um diesen mit Ihrem PC verbinden zu können.

Führen Sie folgende Schritte für die Installation von MicroPython durch:

1. Stecken Sie das Micro-USB-Kabel in Ihren Pico.

2. Halten Sie die BOOTSEL-Taste auf Ihrem Pico gedrückt. Dies ist ein kleiner runder weißer Taster in der Nähe der USB-Buchse.

3. Während Sie die Taste gedrückt halten, verbinden Sie den Pico mit ihrem PC, indem Sie das USB-Kabel in Ihren PC stecken.

4. Warten Sie 5 Sekunden und lassen Sie dann die BOOTSEL-Taste los.

5. Ihr PC sollte nun den Pico als Wechsellaufwerk mit dem Namen RPI-RP2 im Dateimanager erschienen sein.

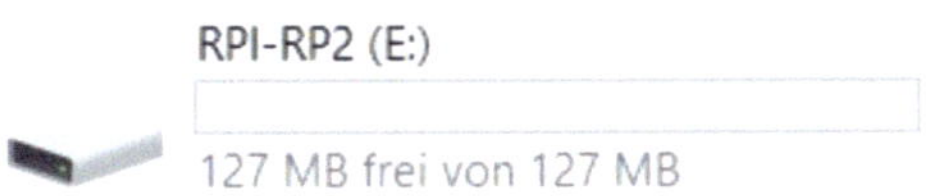


*Bild A1.17 Pico Wechsellaufwerk*

6. Öffnen Sie die Webseite https://circuitpython.org/downloads/ und wählen Sie die Kachel mit der Abbildung des Pico aus. Die sich daraufhin öffnende Downloadseite bietet den UF2 Bootloader zum Download an. Klicken Sie auf den Download-Link und eine Datei mit dem Namen "adafruit-circuitpython-raspberry_pi_pico-de_DE-7.3.3.uf2" liegt nun in Ihrem Download-Verzeichnis.

Die Versionsnummer der Datei wird sich im Laufe der Zeit ändern, laden Sie einfach die aktuelle Version herunter.

7. Begeben Sie sich mit Ihren Dateimanager in den Download Ordner und suchen Sie die soeben heruntergeladene Datei. Kopieren Sie diese Datei auf das Wechsellaufwerk "RPI-RP2", also auf Ihren Pico.

8. Nach einem kurzen Moment installiert sich die Firmware automatisch auf Ihren Pico und das Wechsellaufwerk verschwindet ohne Ihr Zutun.

9. Der Raspberry Pi Pico erscheint nach einem kurzen Moment unter dem Namen "CIRCUITPY" wieder im Dateimanager.

10. Fertig.

Sie haben nun CircuitPython auf Ihren Pico installiert. Wenn Sie Ihren Pico ausschalten, bleibt das CircuitPython darauf erhalten.

**Verwendung des Thonny Texteditors**

Thonny ist ein Texteditor und eine Entwicklungsumgebung mit integriertem Debugger für Python und MicroPython in einer Oberfläche. Von der Raspberry Pi Foundation unterstützt hat sich diese IDE zu einem de facto Standard für die Programmierung mit den Raspberry Pi Geräten entwickelt und ist für alle gängigen Betriebssysteme kostenfrei erhältlich.

1. Als erstes müssen Sie Thonny für Ihren PC herunterladen. Besuchen Sie dafür mit Ihrem Browser die Webseite https://thonny.org

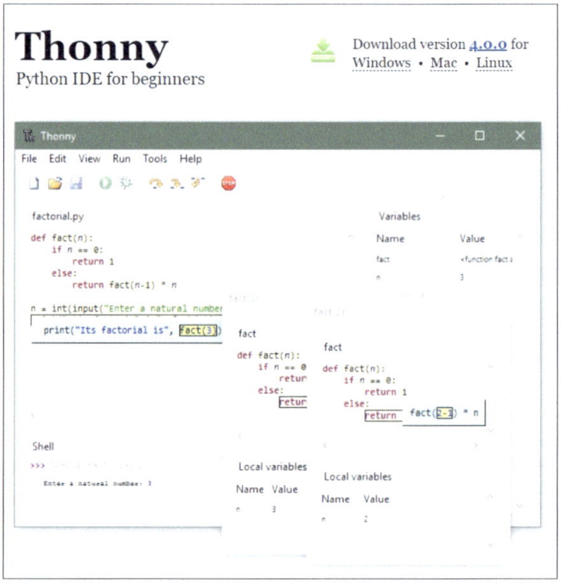


*Bild A1.18 Ansicht der Thonny Webseite*

2. Oben rechts auf der Webseite sollten Sie einen Download-Link finden. Laden Sie die passende Variante für Ihren PC herunter und installieren Sie diese.

3. Wenn Thonny das erste Mal gestartet wird, erscheint ein Fenster für die initialen Einstellungen. Egal welche Sprache Sie auswählen, lassen Sie die "Initial Settings" erst einmal auf "Standard" stehen. Drücken Sie "Let's go!"

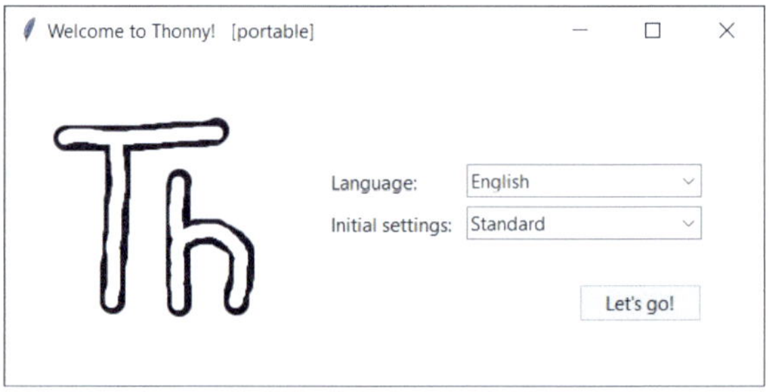


*Bild A1.19 Sprachauswahl-Dialog der Thonny Software*

4. Das Thonny Fenster erscheint. Hier werden Sie Ihre MicroPython Programme schreiben.

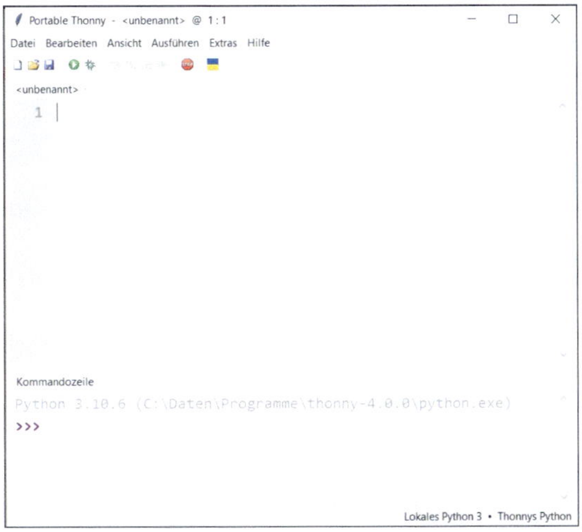


*Bild A1.20 Die Thonny Programmierumgebung*

5.) Klicken Sie mit der Maus in der rechten unteren Fensterecke auf "Thonnys Python". Ein kleines Auswahlmenü sollte erscheinen. Wählen Sie darin Ihren Pico aus, der mit dem USB-Kabel mit dem PC verbunden ist.

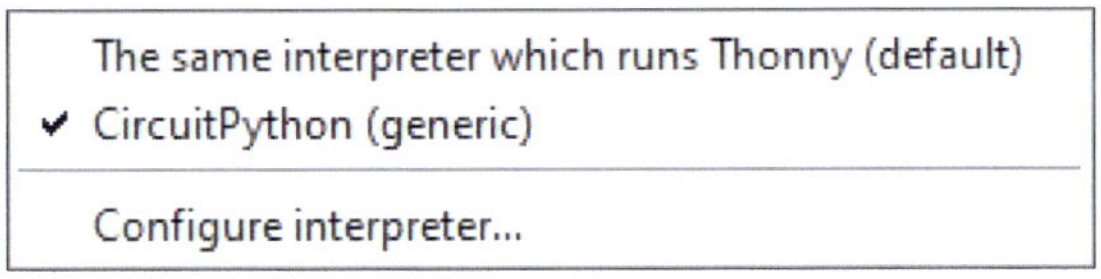


*Bild A1.21 Auswahl des Pico in Thonny*

6.) Die Ausgabe der Kommandozeile von Thonny sollte sich nun geändert haben und eine Zeile mit dem Inhalt "Raspberry Pi Pico with RP2040" sollte zu sehen sein. In der rechten unteren Fensterecke sollte der COM-Anschluss des Pico angezeigt werden.

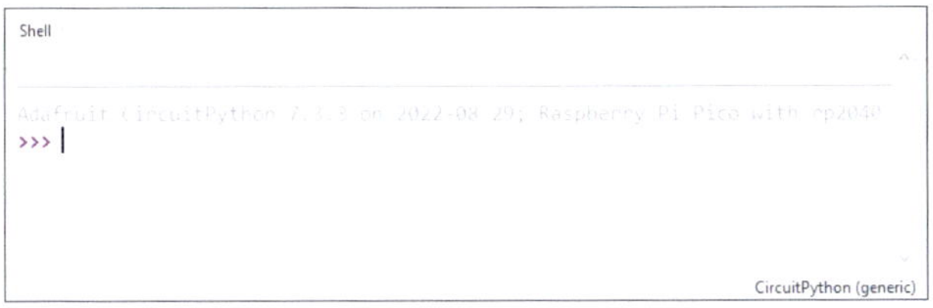


*Bild A1.22 Thonny und Pico sind verbunden*

7.) Fertig. Sie können nun Ihre MicroPython-Programme schreiben. Geben Sie für einen kleinen Test in der Kommandozeile von Thonny, hinter den drei Pfeilen, ein kleines "Hello World"-Programm ein.

Nach dem Drücken der Return-Taste sollte in der nachfolgenden Zeile ein "hello" ausgegeben werden.

*Bild A1.23 Ausgabe des "hello"-Tests in Thonny*

8.) Ihr Pico ist nun getestet und einsatzbereit!

Übrigens: Sie können Ihre MicroPython Programme auf dem Pico bedenkenlos abspeichern. Auch wenn Sie den CircuitPython-Interpreter mit einer neuen Version der ".uf2" Datei aktualisieren, bleiben Ihre auf dem Pico abgespeicherten Programme erhalten.

Wenn Sie Ihre in Thonny geschriebenen Programme abspeichern möchten, wird Sie Thonny nach dem Speicherort fragen.

*Bild A1.24 Auswahl des Speicherorts in Thonny*

Sie können hier Ihren Pico auswählen und so alle Programme auf dem Pico selber bereithalten und immer mitnehmen. Das ist praktisch, wenn Sie einmal den Rechner wechseln.

*Bild A1.25 Gespeicherte Programme auf dem Pico*

Wenn Sie mit Thonny ein abgespeichertes Programm öffnen möchten, wird Ihnen genau wie beim Abspeichern ein Auswahldialog für den Speicherort angezeigt.

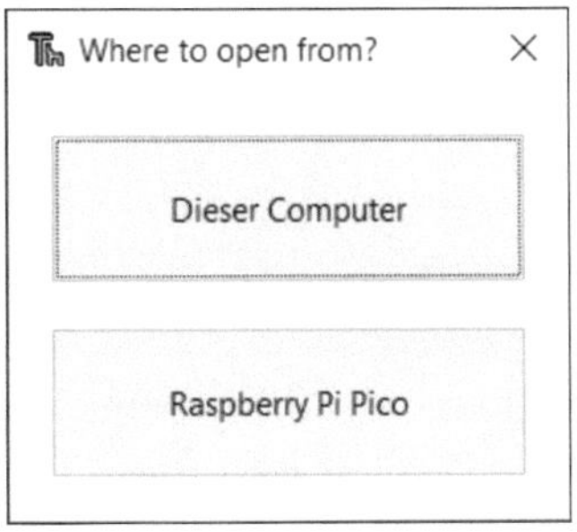


*Bild A1.26 Auswahldialog zum Öffnen eines gespeicherten Programms in Thonny*

Diese Auswahldialoge für den Speicherort werden Ihnen nur angeboten, wenn Ihr Pico via USB mit dem PC verbunden ist. Ein geladenes Programm können Sie mit der Taste F5 starten und mit Ctrl+F2 wieder stoppen.

## A1.3 Arduino UNO und die Arduino IDE

### Überblick

Ein Arduino UNO ist ein Mikrocontroller Board, welches nach der Basic Stamp, ein verbreitetes Mikrocontroller Board der 1990er Jahre, sehr beliebt wurde und auch heute noch eine große Verbreitung hat.

*Bild A1.27 Eine Basic Stamp von Parallax*

"Der Arduino" ist in vielen verschiedenen Varianten erhältlich, mal mit einem schnelleren Atmel Mikrocontroller und mal mit mehr oder weniger Speicher. Die heute beliebtesten Varianten sind der UNO, Nano und das Mega 2560 Board. Letzteres hat mehr RAM, mehr GPIO-Pins ... kurz gesagt: More Power!

*Bild A1.28 Ein Arduino UNO*

Jedes Arduino Board ist durch seinen standardisierten Header und den darauf passenden Shields erweiterungsfähig und besonders in der DIY-Roboter-Community sehr beliebt.

*Bild A1.29 Der NIBO Burger Roboter – Vollgepackt mit Fähigkeiten aber trotzdem gesteuert durch einen einfachen Arduino Mikrocontroller*

Hier im Buch verwenden wir ein Arduino UNO Board, welches einen guten Kompromiss zwischen Preis und Leistung darstellt.

**Arduino IDE**

Mit der Arduino IDE können Sie Ihr Arduino Board in C programmieren. Diese ist kostenfrei für alle gängigen Betriebssysteme erhältlich.

1. Laden Sie die IDE unter https://arduino.cc für Ihren PC oder Mac herunter. Nutzen Sie das ".exe" Download-Paket, welches die komplette Installation incl. Treiber automatisch vornimmt.

2. Starten Sie das Setup und stimmen Sie der Lizenzvereinbarung zu.

3. Es wird Ihnen eine Auswahl der Installationsoptionen angezeigt. Standardmäßig sind alle Optionen aktiviert. Diese Grundeinstellung kann so beibehalten werden.

*Bild A1.30 Arduino IDE Lizenzvereinbarung*

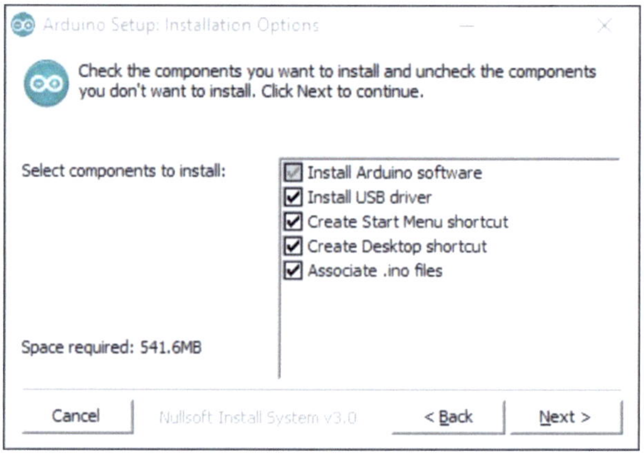


*Bild A1.31 Die Installationsoptionen der Arduino IDE*

4. Als Nächstes wird Ihnen der Installationsort der Arduino IDE angezeigt. Auch diese Grundeinstellung kann beibehalten werden.

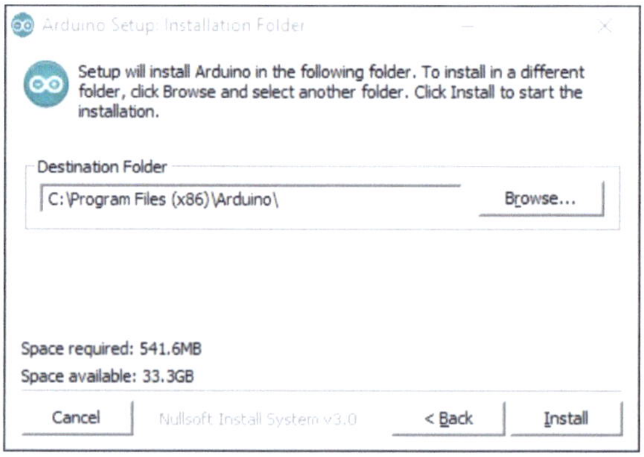


*Bild A1.32 Auswahldialog des Installationsorts der IDE*

5. Nachdem die Installation abgeschlossen ist, können Sie das Fenster mit "Close" schließen. Nun sollten Sie in Ihrem Startmenü, oder auch auf dem Desktop ein Icon der Arduino IDE vorfinden.

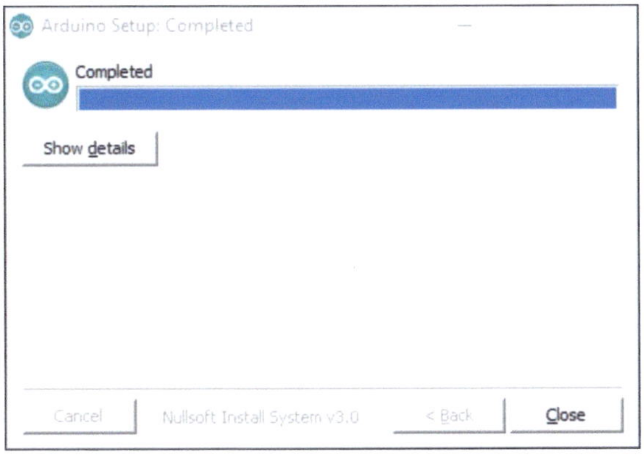


*Bild A1.33 Die Installation der IDE ist abgeschlossen*

6. Starten Sie die Arduino IDE mit einem Mausklick auf dem Icon und der Startbildschirm sollte erscheinen.

*Bild A1.34 Startmeldung beim Start der Arduino IDE*

7. Verbinden Sie Ihr Arduino-Board mit einem USB-Kabel mit Ihrem PC oder Mac. In der rechten unteren Ecke des Fensters sollte die Verbindung zu Ihrem Arduino-Board angezeigt werden. Falls Ihr Arduino nicht automatisch angezeigt wird, können Sie im Menü unter "Werkzeuge -> Board" Ihr Mikrocontroller-Board einstellen und unter "Werkzeuge -> Port" den entsprechenden USB-Port auswählen.

*Bild A1.35 Das Programmierfenster der Arduino IDE*

8. Um Ihren Arduino zu testen können Sie im Textfenster der IDE folgenden Programmcode eingeben und mit Upload-Button (Pfeil nach rechts in der Button-Leiste) auf den Mikrocontroller übertragen.

```
void setup() {
  // put your setup code here, to run once:
  Serial.begin(9600);
  Serial.println("Hello World!");
}

void loop() {
  // put your main code here, to run repeatedly:
}
```

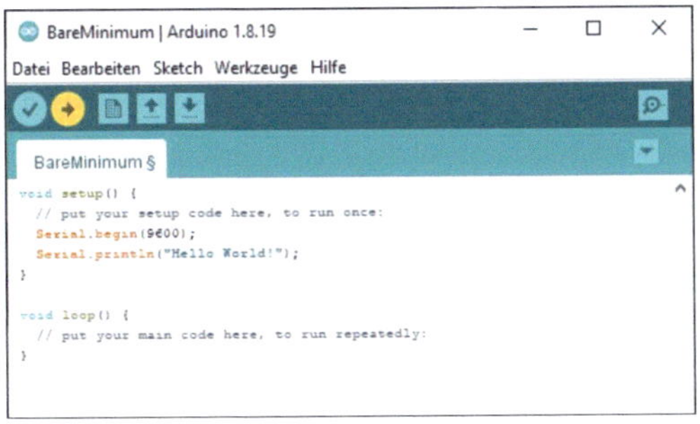


*Bild A1.36 Das "Hello World"-Testprogramm*

9. Nachdem das Programm kompiliert und hochgeladen wurde, beginnt der Arduino automatisch mit der Ausführung des Programms. Klicken Sie mit der Maus in der Button-Leiste rechts auf das Lupensymbol, oder wählen Sie unter "Werkzeuge -> Serial Monitor" aus, um die "Hello World"-Ausgabe Ihres Programms zu sehen.

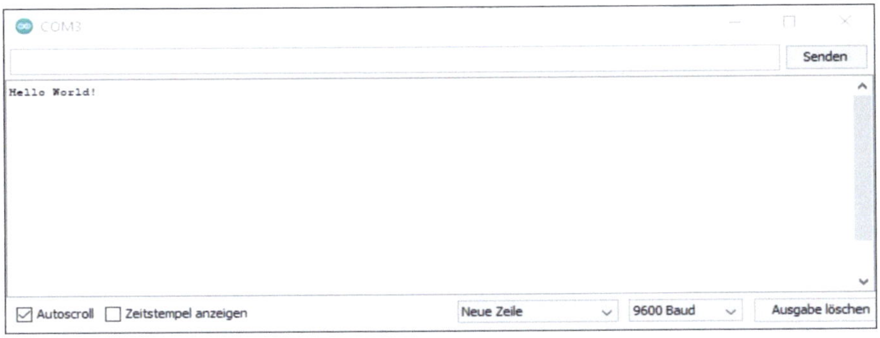


*Bild A1.37 "Hello World"-Ausgabe auf dem seriellen Monitor der IDE*

10. Fertig. Ihr Arduino ist nun getestet und einsatzbereit. Das auf das Arduino-Board hochgeladene Programm ist nun auf dem Mikrocontroller gespeichert und geht nicht verloren, wenn Sie das Board von der Spannungsversorgung trennen.

## A1.4 Raspberry Pi und Python

Der Raspberry Pi ist momentan das beliebteste Mikroprozessor Board auf dem Markt. Der sehr günstige und vielseitige Einplatinencomputer hat sich als Alleskönner einen Namen gemacht. In der Robotik hat dieser schon lange einen festen Platz gefunden, weil er komplexe Abläufe, neuronale Netze und auch eine Bilderkennung mit den in vielen Varianten erhältlichen Kamera-Modulen gemeistert bekommt.

Das von der Raspberry Pi Foundation gepflegte Betriebssystem kann unter

https://www.raspberrypi.com/software

heruntergeladen werden und unterstützt sämtliche Hardware-Varianten des Raspberry Pi, egal ob Wifi, Kamera oder aufsteckbare HAT Module – alles wird unterstützt und gepflegt.

*Bild A1.38 Ein Raspberry Pi Model 3 B+*

Diese Webseite sollte auch Ihre erste Anlaufstelle zu Fragen hinsichtlich Ihres Raspberry Pi sein, egal ob es um die Hardware oder die darauf verwendete Software geht. Sollte wider Erwarten zu einer Frage in der bereitgestellten und sehr umfangreichen Dokumentation keine Hilfe zu finden sein, ist das auch auf dieser Webseite zu findende Forum eine gute Anlaufstelle seine Frage zu stellen und eine Antwort von der Community zu bekommen.

Für die ersten Schritte mit dem Pi und um diesen im Rahmen dieses Buches einzusetzen, verwenden wir Python. Python ist eine Scriptsprache und für Anfänger geeignet. Der Python-Interpreter führt dabei das in einer Textdatei gespeicherte Programm aus, es muss nichts aufwändig kompiliert werden.

**Das Raspberry Pi Betriebssystem**

Um Python auf dem Raspberry Pi zu verwenden, muss ein Betriebssystem installiert sein. Fertige Anleitungen wie dies am besten geschieht, finden sich auf:

https://www.raspberrypi.com/documentation/

Dies ist die offizielle Webseite der Raspberry Pi Foundation, die ständig ihre Anleitungen aktualisiert und erweitert, wie auch das passende Betriebssystem-Image zu Installation bereitstellt.

Der Einstiegspunkt auf der Webseite ist die Kachel "Getting Started", um das passende Betriebssystem-Image zu installieren und um den Pi in Ihr Netzwerk zu integrieren.

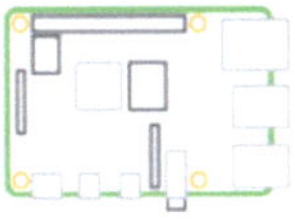

**Getting Started**

This is the stuff about how to get started

*Bild A1.39 Der Einstieg für die Installation des Pi auf der Webseite*

**Die Python Programmierumgebung**

1. Um Python nutzen zu können, muss zuerst die Programmierumgebung installiert werden. Führen Sie auf der Konsole des Pi folgenden Befehl aus:

```
# sudo apt install python3 -y
```

2. Wenn die Installation der Pakete abgeschlossen ist, ist die Programmierumgebung einsatzbereit. Mit einem einfachen "Hello World"-Programm lässt sich diese testen.

Öffnen Sie eine neue Textdatei mit dem Namen "helloworld.py" mit einem Texteditor Ihrer Wahl, beispielsweise dem Editor "Nano":

```
# nano ~/helloworld.py
```

Das "~/" vor dem Dateinamen stellt sicher, dass die Datei in Ihrem Home-Verzeichnis abgelegt wird.

3. In das Textfenster schreiben Sie nun folgende Zeile:

```
Print ("Hello World")
```

Speicher und Schließen Sie die Datei mit "CTRL+X" und dann einer Bestätigung mit der Taste "Y".

4. das "Hello World"-Programm auszuführen, können Sie Ihre eben erstellte Textdatei mit dem Python-Interpreter ausführen.

```
python3 ~/helloworld.py
```

Auf der Konsole sollte nun das "Hello World" ausgegeben worden sein.

5. Fertig, Ihr Raspberry Pi ist nun für Python-Programme einsatzbereit.

**Konsole oder Desktop?**
Wie Sie sicher gemerkt haben, wurde hier der kürzeste Weg gewählt, um die Einrichtung Ihres Raspberry Pi zu beschreiben.

Der Raspberry Pi ist zwar klein, aber ein kompletter Computer, mit leistungsstarken Varianten, die sogar als Desktop-System genutzt werden können. Dem entsprechend zahlreich sind auch die Möglichkeiten, wie ein Pi installiert werden kann: Mit Desktop, oder mit Konsole, mit Monitor oder Touch-Screen, oder sogar *headless* und mit ssh-Zugang.

Sie können also mit einem minimalen Umfang starten, sich einen nur für die Python-Programmierung ausgerichteten Rechner installieren oder doch einen kompletten Rechner aufsetzen, der auch für das Surfen im Internet und Betrachten von Videos und Ihre tägliche Arbeit bereitsteht.

Egal wie Ihr Wunsch für den Pi aussieht, die zahlreichen Anleitungen auf der Raspberry Pi-Webseite zeigen Ihnen den Weg.

# Literaturverzeichnis

*Mastering the I²C Bus* – Vincent Himpe – Elektor Verlag 2011

*Understanding the I²C Bus* – Application Report SLVA704 – Texas Instruments 2015

*IoT Hacking* – Nitesh Dhanjani – dPunkt 2016

*Mikrocontroller – Der Leitfanden für Maker* – Klaus Dempbowski – dPunkt 2014

*High-Speed Digital Design* – Howard Johnson – Pearson 2008

**Datenblätter und Standards**

| | |
|---|---|
| I²C | www.pololu.com/file/0J435/UM10204.pdf |
| SPI | www.analog.com/media/en/analog-dialogue/volume-52/number-3/introduction-to-spi-interface.pdf |
| UART | www.ti.com/lit/sprugp1 |
| RS-232 | www.analog.com/media/en/technical-documentation/product-selector-card/rs232%20quick%20guide.pdf |
| WS2812 | cdn-shop.adafruit.com/datasheets/WS2812B.pdf |
| WS2811 | rgb-123.com/ws2812b-vs-ws2811/ |
| HD44780 | www.adafruit.com/datasheets/HD44780.pdf |
| Low Voltage Logic Interfacing | www.analog.com/media/en/training-seminars/tutorials/MT-098.pdf |
| DS1820 | www.analog.com/media/en/technical-documentation/data-sheets/DS18S20.pdf |
| BMP280 | www.bosch-sensortec.com/media/boschsensortec/downloads/datasheets/bst-bmp280-ds001.pdf |
| Bus Pirate | dangerousprototypes.com/docs/Bus_Pirate |

**Verwendete Logikanalysatoren**

| | |
|---|---|
| DSLogic | www.dreamsourcelab.com/product/dslogic-series/ |
| Kingst LA1010 | www.qdkingst.com/en/products/LA1010 |
| Saleae | www.saleae.com/de/ |
| NoName LA | www.roboter-bausatz.de/p/usb-logic-analyzer-24mhz-8ch |

# Stichwortverzeichnis


1-Wire 124
1-Wire Protokoll 131
5 V tolerant 77

**A**
Abtastfrequenz 30
Abtastrate 30
ADC 42
AD-Wandler 52
Aktualisierung der Software 57
analoger Eingang 42
Anlog-Digital-Converter 42
asynchrone Abtastung 43
Aufzeichnungsdauer 47
Auswahlkriterien 53
AVR-Mikrocontroller 99

**B**
Bananenstecker 64
Bandbreite 30, 31
Bereichstrigger 50
BitBang 124
Bitmuster 50
Bitmuster/Pattern-Trigger 52
BME280 72
BMP280 73
Brownout 71
Bubble-Stream 78
Buffer-Mode 46
Buffer- und Stream-Modus 45
Bus Pirate 123

**D**
data speed 117
Datenübertragungsrate 70
Daumenkino 21
digitaler Eingang 42
Dot-Matrix-Display 122
Drahtbrücken 62
DS1820 131

**E**
Eingangsspannungsbereich 51, 148

**F**
Fastled 112
Fast-Mode 68
FIFO 48
Flankenanstieg 98
Full-Duplex-Datenübertragung 89

**G**
Geschwindigkeit 30
Glitch 22, 50

**H**
Hakenklammer 60
Haltezeit 98
HD44780 122
High-Speed-Mode 68
Hold-Time 43

**I**
I²C-Bus 68

**J**
Jitter 28
JTAG 124

**K**
Kanäle 19
Kanaleingänge 23
Kipppunkt 34
Kochrezept 136
komplexe Trigger 50, 52
Komplexe Trigger 19
Krokodilklemmen 64

**L**
LCD-Display 122
Logic Probe 17
Logikanalysator 17
Logikmuster 50
Logik-Pegel 51
Low Voltage Logic Interfacing 34
LSB 79

**M**
Masseschleifen 144
Masseverbindung 23

Microwire 86
MIDI 124
MSO 11
MSPS 31
Multi-Domain-Debugging 55
Multimaster-Modus 99

**N**
negativen Logik 41
NeoPixel 112
Nyquist-Shannon-Abtasttheorem 32

**P**
PCBite 61
Pico Technology 28
Pinleisten 62
Plausibilität 76, 98, 110
Pogo-Pins 60
positiven Logik 41
Potentialunterschiede 25
Probe-Loading 146
Protokollanalysator 18
Pulseview 65
PWM-Ausgang 53, 56
PWM-Ausgänge 54

**R**
Radix 110, 134
Real-Time-Eye 29
Reflexionen 147
RGB-LED 112
Ringpuffer 48, 87
RLE 47
RS-232 103

**S**
Samplerate 30
Samplingrate 30
scan frequency 117
Schwellwert 35
Setup-Time 44
Shift-Register 87
Sigrok 15, 65
Speicherbedarf 42
SPI-Bus 86
ST7735 90
Stand-alone-Gerät 57
Standard-Mode 68
Steckbrett 59
Stolperfallen 137
Stream-Mode 47
Synchrone Abtastung 43
Synchrone und asynchrone Abtastung 43

**T**
Takteingang 45
Tastköpfe 24
Temperatursensor 131
Testclips 63
threshold-voltage 34
Trigger 52, 56
Triggerbereich 52
Triggerzeitpunkt 19
TWI 68

**U**
UART 103
Überabtastung 32
Überabtastungsfaktor 33
Überspannungen 37
Überspannungsschutz 52
Unterabtastung 32
USB-Anschluss 49

**V**
Verschliffene Signalflanken 145

**W**
WKS-Abtasttheorem 32
WS28xx-Protokoll 114
WS2811 120
WS2812 112
WS2812B 119

**Z**
Zukunftssicherheit 56